普通高等教育“十三五”规划教材
新工科建设之路·计算机类规划教材

基于搜索策略的问题求解

——数据结构与C语言程序设计综合实践

李国和　编著

電子工業出版社
Publishing House of Electronics Industry
北京·BEIJING

内 容 简 介

本书面向新工科教育，以计算思维为指导、以程序设计为主线、以智能搜索应用为背景、以提高程序实践技能为目的组织编写，并采用标准C语言编写程序。同时以人工智能状态空间和产生式系统问题求解为背景，从盲目与启发式、局部与全局、递推与递归、可回溯与不可回溯、最优与随机、个体与群体等多个维度对比介绍搜索算法。以问题为出发点，问题驱动贯穿全书，各章节依次从浅到深、从易到难递进介绍，并通过模块化程序实例，增强内容的可读性和可理解性。

本书可以作为本科生C语言课程设计用书，或人工智能导论参考书。通过对本书的学习，使读者不仅可以提高C语言编程和数据结构应用能力，而且可以掌握人工智能基于搜索策略的若干问题的基本求解方法。

图书在版编目（CIP）数据

基于搜索策略的问题求解：数据结构与C语言程序设计综合实践 / 李国和编著. — 北京：电子工业出版社，2019.10

ISBN 978-7-121-36966-7

I. ①基… II. ①李… III. ①C语言－数据结构－高等学校－教材 IV. ①TP311.12 ②TP312.8

中国版本图书馆CIP数据核字(2019)第128623号

责任编辑：孟　宇
印　　刷：北京虎彩文化传播有限公司
装　　订：北京虎彩文化传播有限公司
出版发行：电子工业出版社
　　　　　北京市海淀区万寿路173信箱　　邮编：100036
开　　本：787×1092　1/16　印张：11　　字数：282千字
版　　次：2019年10月第1版
印　　次：2021年7月第2次印刷
定　　价：39.00元

凡所购买电子工业出版社图书有缺损问题，请向购买书店调换。若书店售缺，请与本社发行部联系，联系及邮购电话：（010）88254888，88258888。

质量投诉请发邮件至zlts@phei.com.cn，盗版侵权举报请发邮件至dbqq@phei.com.cn。

本书咨询联系方式：mengyu@phei.com.cn。

前　言

素质教育是当今大学教育的重要任务之一，而计算思维已成为现代素质教育的基本组成部分，其教学内容包括从单纯的计算机基本概念到思想与方法的提升，即以解决问题（计算机应用）为目标，涵盖问题描述、形式化表示、数据结构和算法设计、编码实现及验证全过程。目前很多高校开设了与计算思维教育密切相关的程序设计、数据结构和程序设计综合实践课程，但主要存在以下问题：

（1）停留于基础内容，应用性与实践性不强。程序设计教学往往注重语言的词法、语法、语义，而经常忽视问题求解的内容。数据结构的教学重点在抽象化的数据及其联系和数据操作（算法）上，缺少具体化的应用。程序设计综合实践课程应用性不强，大多以复杂数据结构的练习为主。

（2）实践主题复杂，系统性与前沿性不足。在实践类课程中，实践内容还有相当一部分是数据结构的内容，而不是开展数据结构的应用，此外还有一些模拟数据管理的简单应用，缺少系统化和紧扣时代特征的应用。

（3）基础教材丰富，实践教材较少。程序设计和数据结构教材的种类很多，这些教材的主题明确并且强调应用（包括综合程序设计、数据结构、问题求解），但是与社会发展需求密切相关的教材很少，尤其与人工智能主题相关的实践类教材更少。

针对上述存在的问题，本书以面向新工科教育、提升计算思维认识、落实应用技能培养为宗旨，以确保基础、注重联系、增强应用、提高技能为指导。本书具有以下特点：

（1）主题先进：以智能搜索技术及其实现为应用背景，内容紧扣智能时代的主流，人工智能研究领域与核心技术如表 1 所示。

表 1　人工智能研究领域与核心技术

序　号	研 究 领 域	核 心 技 术
1	机器定理证明	逻辑推理
2	机器翻译	自然语言理解
3	专家系统	知识表示、推理
4	博弈	树/图的搜索
5	模式识别	特征提取、优化
6	机器学习	模型结构、学习方法
7	机器人和智能控制	优化策略

（2）课程目的明确：面向最短路径、组合优化与函数优化、专家知识推理等不同问题的求解，采用不同搜索技术，培养基于搜索策略的计算机应用能力。

（3）内容主线清晰：从树搜索、图搜索、启发式搜索到局部搜索、全局搜索，再到规则（与

/或）树搜索，内容逐渐深入。每种搜索算法均可以解决特定的问题，并且可以引出新的问题，进而改进算法，这样可以提高创新能力。

（4）学习内容丰富：除计算机语言知识和编程技能外，本书综合应用了数据结构知识和智能搜索算法问题求解。所有程序案例均采用自顶向下、逐步细化的模块化设计，程序编写规范、注释详细，提高案例程序的可读性和可理解性，潜移默化地培养读者软件工程思想。

本书主要包括以下内容：

第 1 章，C 语言及其程序设计基础：对 C 语言及其程序设计的内涵和要点进行回顾与总结；

第 2 章，树搜索：可回溯盲目搜索，路径求解；

第 3 章，图搜索：可回溯图搜索、启发式搜索，路径求解；

第 4 章，启发式搜索：局部性、随机性、可回溯搜索，路径求解；

第 5 章，局部最优搜索：启发性、随机性、局部性、不可回溯搜索，目标求解；

第 6 章，全局最优搜索：并行性、启发性、随机性、全局性、不可回溯搜索，目标求解；

第 7 章，规则树搜索：规则树正向搜索和逆向搜索，目标求解、过程（路径）求解。

本书所有程序均采用标准 C 语言实现，并且均在 Visual C++ 6.0 环境中调试通过。若使用其他 C 语言编译系统，请参考相关资料，略加修改程序即可。

本书作者多年从事本科生和研究生的 C 语言、数据结构和人工智能教学，在深入了解学生对 C 语言和人工智能知识的渴求以及希望达到的应用水平后才逐步确定本书的内容。在本书编写过程中，得到中国石油大学（北京）教务处、信息科学与工程学院，中国石油大学（北京）克拉玛依校区教务处与国际交流部、文理学院和石油学院的大力支持，以及校级 C 语言优秀教学团队的大力帮助，在此表示衷心的感谢。同时，也感谢教育部—中锐网络产学合作协同育人项目“面向新工科教育的计算思维培养教学改革与实践——以 C 语言程序设计混合教学模式为例（201801181004）”、新疆维吾尔自治区教改项目“面向新工科教育的计算机基础教学研究与实践（2017JG094）”、北京教委“优质本科教材课件”项目“面向新工科的计算机基础精品教材建设研究与实践（2020）”、中国石油大学（北京）重点教改项目和克拉玛依市科技计划项目“油气勘探地震相智能识别与解释评价系统（2020CGZH0009）”的支持。另外，赵建辉、吴卫江、张岩、段毛毛、董丹丹等老师对本书提出很多建议，在此向他们表示衷心的感谢。由于作者水平有限，书中不完善之处甚至错误在所难免，敬请读者批评、指正。

李国和

2020 年 9 月

于中国石油大学（北京）

目　　录

第 1 章

C 语言及其程序设计基础

C 语言是当今经典、流行的计算机高级语言之一。本章主要回顾、总结 C 语言及其程序设计的内容要点，其核心思想、编程要点贯穿在本书中。通过后续章节学习，可进一步提高编程技能。

1.1 C 语言与程序设计

计算机语言是人与计算机进行交互的一种协议，涵盖了词法、语法、语义及句法。通过计算机语言表达人对客观问题的求解过程（程序设计包括数据结构、算法），可以让计算机理解人的意图，进而实现问题的求解。从计算机语言的发展来看，计算机语言分为机器语言、汇编语言、高级语言和更高级语言，也就是在问题求解过程中，从关注求解问题和计算机资源分配管理的面向机器到只关注求解问题而无须参与计算机资源分配管理的面向问题的发展；从二进制代码的可移植性差、可读性差到类自然语言的可移植性好、可读性好的发展；从目前关注“做什么”和“怎么做”到未来只关注“做什么”的发展。

从计算机语言发展历程来看，C 语言不仅具有高级语言的编程风格，而且具备低级语言的功能，这个特点使 C 语言成为“中间语言”。根据高级语言的编程特点，计算机高级语言分为过程型、函数型、逻辑型和面向对象型 4 种。过程型语言的核心是变量，该语言具有顺序、分支和循环三种控制程序过程的结构，并且它适用于数值处理；函数型语言的核心是函数定义及其调用，该语言具有弱类型变量和顺序、分支及无条件转向控制程序过程的结构，但它强调递归结构控制，适用于人工智能的符号处理；逻辑型语言的核心是谓词，该语言主要描述事物及事物的联系，具有弱类型变量，并且只有递归、自动搜索匹配和 CUT 等控制结构，它适用于人工智能的符号处理；面向对象型语言的核心是对象，该语言的信息（数据）和处理（方法）是统一的，同时它具有类、继承、消息、多态等概念，可以实现代码共享，它适用于单机或网络软件系统的集成开发。

C 语言既是过程型计算机语言又是函数型计算机语言。程序设计的核心是算法和数据结构的设计，算法用于描述问题求解过程，其具有输入、输出、有效性、确定性和有穷性的特点，算法可用程序流程图、N-S 图等表示。采用符合计算机语言的词法、语法及句法的规范进行算法描述就是计算机语言的程序设计。从软件系统实现来看，针对功能实现采用结构化程序设计（包括顺序、分支和循环结构），针对系统集成采用模块化程序设计（模块定义及其调用）。

C 语言既是结构化程序设计语言（体现在顺序、分支和循环结构语句上）又是模块化程序设计语言（体现在函数定义和函数调用上）。程序设计形成的文档称为程序。由高级计算机语

言编码的程序称为源程序，需要对源程序进行编译形成目标程序，再进行连接形成可执行程序。上机实践过程包括编辑（形成源程序.c）、编译（形成目标程序.obj）、连接（形成可执行程序.exe）、运行，对应系统软件依次为编辑器、编译器、连接器、操作系统。为了便于软件开发，常把编辑器、编译器和连接器集成在一个开发环境中，如 Visual C++。软件开发过程包括问题分析（完成功能分解、形式化描述）、研究算法（完成问题求解过程）、程序实现（完成计算机语言编码）及测试运行（完成软件测试、交付使用）。

1.2 C 语言基础

C 语言程序结构一般包括#include 头文件包含、#define 符号常量定义和#if 条件编译的编译预处理命令。程序运行的唯一入口函数 main（主函数）是被调用户自定义函数，并且涉及用户自定义函数中的变量定义、使用及函数的输入/输出、返回等重要概念。

C 语言规定了一组基础字符，即 C 语言字符集（类似于英文字母集），包括小写英文字母、大写英文字母、数字和空格（包括空格、制表符、换行符）等一般字符，也包括运算符、分隔符（空格、分号等）、转义字符及注释符等特殊字符。在一般字符集的基础上，定义了以字母或下画线“_”开头的字母、数字、下画线构成的标识符（类似于英文单词），用于表示或命名变量、符号常量、函数名等。标识符中的英文字母的大小写是相互区分的。C 语言还有一些预先定义的标识符，包括基本数据类符、预处理命令名、系统函数名及控制语句符等，这些标识符是固定的。这些特殊标识符称为关键字或称为保留字，即其有明确的内涵和作用，不可作为他用。

计算机内存最小的数据单元为字节（8 位二进制位）。以字节为基本单位构成连续、顺序的内存，用于存储程序和数据。根据作用的不同，进一步可把内存划分为系统区、应用程序区和数据区。计算机在做任何处理时，其程序、数据都必须在内存的相应区域中。数据是过程型语言程序处理的对象，数据可以包括常量、变量和表达式，同时可以参加各种运算，因此数据可以称为数据对象，也可以称为运算数。常量分为常数、符号常量及常变量，常量在程序运行中，不可被修改，常量（常变量除外）在程序区中是程序的构成部分。变量对应数据单元且在内存数据区中，该区域具有可读、可写的特点，因此程序中的变量就成为了可变的量。变量在程序中用变量名表示。变量值的改变是通过赋值运算、复合赋值运算符或自增和自减运算完成的。

C 语言任何数据（包括常量、变量和表达式）均属于某种数据类型（字符串除外），数据类型具有决定数据精度、数据存储单元大小和数据有效取值范围的属性。同一种数据类型的数据具有数据类型所规定的数据属性。基本数据类型包括字符型、整型和浮点型，分别用 char，int、float 类型关键字进行表示。变量必须先定义后使用，在定义中对变量进行初始化，变量值具有“挤得掉、取不尽”的特点。

运算体现对数据的加工和处理功能，由运算符表示。运算符涉及运算符功能、运算数的数目、运算数数据类型、运算优先级和结合性 5 个方面。其中结合性是指运算从左到右（左结合性）或从右到左（右结合性）依次运算。基本运算符包括算术运算符、赋值运算符、复合赋值运算符、逗号运算符、圆括号运算符、取地址运算符、数据单元大小运算符（sizeof）。为了叙述方便，对有些符号进行约定：«XXX»表示 XXX 必不可少，即必选；XXX⊥YYY 表示 XXX 和 YYY 二者选一；⌊XXX⌋表示 XXX 可选可不选，即 XXX 可省略；⌊XXX⌋ⁿ表示 XXX 不出现或多次出现。

表达式是由运算数和运算符构成且符合 C 语言规范的式子，表示对数据的加工和处理，其求值按运算符的优先级和结合性进行。通过赋值运算符和复合赋值运算符及自增和自减算术运算符的运算可改变变量的值。表达式中不同数据类型的数据进行混合运算时，编译系统利用临时单元对数据进行数据类型的自动转换，转换后再进行运算，其转换原则是低精度转换为高精度、数据单元小的转换为数据单元大的，该原则确保数据运算不失真。但有些运算符具有特殊要求，如求余（%）运算符要求两个运算数为整数。若自动转换的结果不能符合运算要求，即需要进行数据类型强制转换。

关系运算也称为比较运算，主要包括等于、不等于、小于、小于等于、大于、大于等于 6 种，对应的运算符分别为==、!=、<、<=、>、>=。这些运算符都是二元（或称二目）运算符，而且都具有左结合性，即从左到右依次运算。由于 C 语言没有逻辑数据类型（即没有逻辑型的数据），因此 C 语言规定关系运算的结果用 1 或 0 表示，且 1 表示逻辑“真”，0 表示逻辑“假”，故关系表达式的值为 1 或 0。关系运算符的优先级都低于算术运算符的优先级，因此可以简单记为只有进行算术计算后得到的数据值才能进行比较，而比较的结果为真（1）或假（0）。C 语言尽管没有逻辑数据，但提供了逻辑非运算、与运算、或运算，对应的逻辑运算符分别为!、&&、||。C 语言规定参与逻辑运算的运算数分为非 0 和 0，且非 0 相当于逻辑“真”，而 0 相当于逻辑“假”。逻辑表达式的值也为 1 和 0，即相当于逻辑“真”和“假”。除了非运算符，与运算符和或运算符的优先级都低于关系运算符，简单记忆为得到关系运算的结果真（1）或假（0）后，才能进行逻辑运算（非运算除外），结果为真（1）或假（0）。注意：! 的优先级高于算术运算符。! 为右结合性逻辑运算符，&&和||为左结合性逻辑运算符。

表达式中的运算符若要进行运算则必须通过语句进行。语句是程序可执行的基本单位，C 语言语句包括完成数据处理的表达式语句、启动程序模块的函数调用语句、控制程序语句流程走向的控制语句、为完成一定功能多个语句构成的复合语句及没有实际意义作用的空语句。任何语句都以分号结束，即分号是语句的分隔符。编译系统对 C 语言的编译是“逐行从上到下，同行从左到右”进行的。因此，在编写程序时，要充分利用 C 语言的有效分隔符、缩列（实际上是空格分隔符）、英文字母大小写的差异、“见名知意”命名方式及注释，增强程序的可读性和可理解性。

1.3　结构化程序设计

程序结构是指语句的执行流程，也就是一条语句执行完毕后决定如何执行下一条语句，可分为顺序结构、分支结构（选择结构）和循环结构。顺序结构是最简单的结构，一条语句执行完毕后不做任何判断就“自上而下、自左到右”依次执行，而分支结构和循环结构则需要进行条件判断后再决定如何执行下一条语句。三种结构的组合可以求解任何复杂的问题。

C 语言输入/输出功能的实现是通过调用标准函数库中输入/输出函数完成的。以键盘和屏幕为标准输入/输出设备，数据的输入/输出标准函数可分为格式化输入/输出函数和字符输入/输出函数以及字符串输入/输出函数。格式化输入/输出函数为 scanf 输入函数和 printf 输出函数。字符输入/输出函数为 getchar 输入函数和 putchar 输出函数。每个函数都有一个返回值，除 getchar 函数的返回值为字符 ASCII 码外，其他返回值表示函数调用的正确性。由于在程序中都是简单使用输入/输出函数，调用基本不会出错，因此只关注函数功能，不关注函数返回值。printf 输出函数的调用形式为 printf(«格式说明串» ⌊,«运算数列表» ⌋)，其中⌊ ⌋表示可选项，即

若没有输出数据，则可以省略；“运算数列表”可以是若干常量、变量、表达式及有返回值的函数；“格式说明串”包括原样输出的普通字符和格式控制串，即“%⌊ ±⌊0⌋ m⌋⌊.n⌋⌊1⌋«格式符»”，其中“格式符”与输出数据的数据类型对应，“±”表示在输出数据所占列数较大时数据靠右对齐还是靠左对齐，“m”表示输出数据所占的列数（当列数小时，数据原样输出，不失真），“n”表示数据的小数位（对浮点型数据而言）或从字符串头部所取的字符数（对字符串而言），“1”是指输出数据为 double 型或 long int 型数据。另外，要求输出数据与“格式控制串”一一对应，包括数据类型和数据个数。scanf 输入函数的调用形式为 scanf(«格式说明串», «地址列表»)。“地址列表”为数据单元的地址或称为变量的指针。由于 C 语言无须参与内存管理，因此只关注变量指针的存在和使用，不关心具体值。变量指针由&取地址运算符表示，其中“格式说明串”包括原样输入的普通字符和格式控制串为“«%»⌊*⌋ ⌊m⌋ ⌊1⊥h⌋«格式符»”，其中“格式符”与输入数据的数据类型对应，*表示输入时跳过数据，或指忽略相应位置上的数据，“m”表示读取 m 列的数据，“l”表示读取的数据为 double 型或 long int 型数据，“h”表示读取的数据为 short int 型数据。字符输出函数的调用形式为 putchar(«字符数据»)，其中“字符数据”可以是字符常量、字符变量、整常数或整型变量。除数据单元大小不同外，在 ASCII 码范围内整型数据与字符型数据是等效的。字符输入函数的调用形式为 getchar()，返回一个字符的 ASCII 码。若不保留 getchar 函数值，则该函数在程序中起到暂停程序运行的作用，直到敲击回车键继续执行。

选择程序结构（分支程序结构）是结构化程序设计中三种结构之一。选择程序结构表示根据判断条件选择相应的处理方法。另外，在程序中，存在分支程序结构，判断条件作为分支程序结构的重要组成部分，它主要采用关系运算（比较运算）和逻辑运算来构造表达式。

条件运算符（?:）是 C 语言中唯一的三元运算符，其构成的条件表达式形式为«选择条件»?«表达式 1»:«表达式 2»，其中当“选择条件”为非 0（逻辑“真”）时，“表达式 1”为条件表达式的结果，反之，当“选择条件”为 0（逻辑“假”）时，“表达式 2”为条件表达式的结果，即通过“选择条件”来选择“表达式 1”或者“表达式 2”为条件表达式的结果，而且条件表达式的数据类型为“表达式 1”和“表达式 2”中精度高的、数据单元大的类型。“选择条件”“表达式 1”“表达式 2”可以为常量、变量或表达式（包括条件表达式），而“选择条件”常为关系表达式或逻辑表达式。当一个条件表达式中嵌套着另外一个条件表达式时，嵌套的条件表达式为右结合性运算符，这样有助于理解嵌套条件表达式的含义。

C 语言是由 if 语句、switch 语句和 break 语句联合实现选择程序结构的，其中 if 语句多用于实现二分支的选择结构，而 switch 语句和 break 语句联合用于实现多分支的选择结构。if 语句的基本形式为 if（«选择条件»）«语句 1» ⌊else «语句 2»]。“选择条件”为判断条件，可以是常量、变量和表达式（尤其是关系表达式或逻辑表达式），若其值为非 0（逻辑“真”），则执行“语句 1”，否则，其值为 0（逻辑“假”）时，执行“语句 2”。“语句 1”和“语句 2”均可以是 if 语句，从而构成多选择的 if 语句。if 语句的 else 子句是可选子句。C 语言程序书写具有很强的灵活性，故可以使用多空格对齐语句，但在多选择的 if 语句中，else 子句只与最近的 if 子句配对。switch 语句的基本形式为

```
switch(«运算数»)
{
  ⌊case «变量: » ⌊«语句»⌋ⁿ⌋   ⌊ break;⌋
  ⌊default   :   ⌊«语句»⌋ⁿ⌋
}
```

实际上，switch 语句是条件转向语句，而“常量”为跳转的目的“标号”，即当“运算数”等于“常量”时，跳过“语句列表”，故单独用 switch 语句没办法实现多分支选择功能。为了实现多分支选择功能，需要结合无条件跳转 break 语句，故 break 语句只能结合 switch 语句使用，不能单独使用 break 语句。通过 switch 语句的条件跳转和 break 语句的无条件跳转，可以实现多分支选择功能。在 switch 语句中，case 后的语句还可以是 switch 语句，进而构成 switch 语句的嵌套，并且当执行 break 语句时，只能跳转出当前 switch 语句。

循环程序结构是结构化程序的三种结构之一，可以解决具有相同变换规律的现实问题。在实现过程中，循环程序结构体现在反复执行一段相同功能的程序段，即循环程序。为了确保循环程序在有限的步骤内完成问题求解，避免陷入死循环，循环程序通常包括 4 个方面：有关问题初始化、循环条件、循环求解目标和循环控制变量变化。有关问题初始化包括循环控制变量、累加或累乘和标记符号的初始化等；循环条件决定结束或继续循环；循环求解目标需要反复执行，体现有规律的问题求解，此外还包括循环控制变量的变化和标记符号的变化等；循环控制变量的变化很重要，随着循环的进行，循环控制变量与循环条件联合使循环控制变量的变化一定朝着循环条件不能满足的方向逐渐逼近，并且使循环能够在有限的步骤内终止，确保问题得解。循环程序结构中循环体还可嵌入顺序程序结构、分支程序结构和循环程序结构。在循环程序结构中，嵌入循环程序结构构成了嵌套循环。若外层循环进行一次循环，则内层循环进行一个完整循环，也就是外层循环变化慢，内层循环变化快。

实现循环的结构包括 if 语句和 goto 语句、for 语句、while 语句和 do-while 语句。for 语句、while 语句和 do-while 语句统称为循环语句，这三个循环语句都只能内嵌一种语句（称为内嵌语句）作为循环体的主要部分，并且内嵌语句可以是任何语句。若内嵌语句为复合语句，则循环执行了一个程序段；若内嵌语句包含循环语句，则构成嵌套循环。当三种循环语句的循环条件都为“真”（非 0）时，执行内嵌语句。各种循环语句可以相互嵌套，也可以并列（顺序结构），但不能相互交叉。在实际应用中，for 语句使用最多，while 语句其次，do-while 语句使用最少。

for 语句的形式为 for(⌊«表达式 1»⌋;⌊«循环条件»⌋;⌊«表达式 2»⌋)«语句»，其中“循环条件”也是表达式，三个表达式依次表示有关问题的初始化、满足循环的条件和循环控制变量的变化，这种形式结构清晰，可读性好。三个表达式可以省略，但是循环结构中所要求的有关问题初始化、循环条件和循环控制变量的变化不能省略，只能在程序的其他位置出现。另外，for 语句一般用在循环次数已知的情况下。while 语句的形式为 while(«循环条件») «语句»。for 语句和 while 语句的特点是先判断循环条件、再执行内嵌语句，故内嵌语句有可能一次都不执行。do-while 语句的形式为 do «语句» while(«循环条件»)。do-while 语句的特点是先执行内嵌语句、再判断循环条件，故内嵌语句至少执行一次。

从实现功能角度看，无论三种循环语句，还是由 if 语句和 goto 语句构成的循环程序，它们都是等价的，故它们可以相互代替，但从编程风格来看，针对不同的问题，编程的简易性和可读性有所不同，需要注意以下问题：

（1）一般不提倡使用由 if 语句和 goto 语句构成的循环。由于 goto 语句可跳转到函数内任意执行语句，即转向具有随意性，因此导致程序可读性、可维护性差，另外 goto 语句不是结构化程序设计的语句。

（2）for 语句一般用于有循环控制变量且事先知道循环次数的程序中。

（3）while 语句一般用于不知道循环次数，或者没有循环控制变量的程序中。

（4）do-while 语句一般用于需要至少执行一次循环的程序中。

（5）while 语句和 do-while 语句的内嵌语句中应包含使循环趋于结束的语句。若有循环控制变量，则循环控制变量初始化的操作应在 while 语句和 do-while 语句之前完成。

goto 语句、break 语句和 continue 语句都是无条件转向语句（无条件跳转语句）。通过无条件转向语句可以改变程序的执行顺序走向。在使用这些无条件转向语句时，经常需要结合 if 语句来决定跳转的去向。goto 语句通过语句标号决定转向位置，该位置只要在同一个函数（模块）内都是合法的，因此转向的范围很大，随意性强，进而破坏程序结构化，同时导致程序（尤其是循环程序）的可读性、维护性差。break 语句和 continue 语句的转向位置是默认的、固定的，无须语句标号，其默认位置在内嵌语句之后。goto 语句可以结束 if 语句与 goto 语句构成的循环、循环语句构成的循环及任何嵌套循环。break 语句和 continue 语句只能用在循环语句的内嵌语句中，不能用在 if 语句和 goto 语句构成的循环中。break 语句跳转出当前循环语句，终止循环，而 continue 语句结束循环语句的当前次循环，提前进入下一次循环，并没有终止循环。

1.4 构造类型数据（一）

数据类型是数据共有的性质，决定数据单元大小、数据精度及操作运算等。除整型、浮点型与字符型等基本数据类型外，还可以根据需要构建新的数据类型，即构造数据类型，或称自定义数据类型。所谓构造数据类型就是根据数据类型构造原则和已有的数据类型自定义的数据类型。已有的数据类型可以是基本类型或构造数据类型，故构造数据类型也是递归定义的。下面内容涉及的构造数据类型包括指针类型和数组类型。

指针与计算机内存紧密相关，计算机内存单元按线性连续编址。程序中定义变量 a，内存中就有数据单元，也就有相应的地址，该地址在程序中称为变量的指针。在指针使用上，只关心指针的存在，不关心指针值，因此，C 语言提供取地址运算符“&”用于获取变量指针&a。变量的指针&a 是常量，称该指针&a 指向变量 a。指针可用指针变量 p 进行保留和运算，该指针变量 p 称为指向变量的指针变量。变量 a 与指针变量 p 就建立指向关系，即指针变量指向变量。对变量取值或赋值称为对变量的直接访问，如“a=10, p=&a;”都是直接访问，即直接访问 a 和 p，而通过指针（包括指针变量）对变量取值或赋值称为间接访问，而间接访问必须通过指针的指向运算符“*”才能进行，如*(&a)=10 和*p=10 都是间接访问，即通过指针&a 和指针变量 p（对 p 是直接访问）间接访问 a。指针变量 p 也有指针&p，同样可以定义保留该指针的指针变量 pp，称为指向指针变量的指针变量，通过**pp 也可以间接访问 a。相对 a 而言，p 为 a 的一级指针，pp 为 a 的二级指针。指针变量可以递推定义多级，指针变量是变量，具有变量的访问等基本特性。指针可以进行算术运算，如+、–、++、—，其表示以数据单元的个数为单位进行指向的改变。取地址运算符“&”和指向运算符“*”为单目运算符，其优先级为 2 级，并且它们是左结合性的运算符。由于指针指向以数据单元为单位，因此定义指针变量时必须指明数据类型，以限定指针指向单元的大小。

数组是具有相同数据类型的变量集合，数组中的变量称为数组元素。在定义数组时，可以全部或部分对数组元素依次进行初始化。对数组的访问有直接访问和间接访问，也称下标法访问和指针法访问。对于一维数组 a，长度为 N，下标 i 取值为 0, 1, …, N–1，数组元素 a[i]表达了直接访问。一维数组元素的指针&a[i]，数组名 a 是数组的首地址也是指针。a 与&a[i]一样，都是指向数组元素的指针，因此对数组元素 a[i]的间接访问为*(a+i)或*(&a[i])。通过定义指

向变量的指针变量 p，p=a+i 或 p=&a[i]使得指针变量 p 指向一维数组第 i 个元素，也可称 p 指向一维数组 a。由于一维数组数元素对应数据单元在内存中是线性连续存储的，因此下标 i 或指针变量 p 的算术运算标识不同的数据单元，下标 i 或指针变量 p 的连续变化可以直接或间接访问数组元素。数组下标 i 和指针变量 p 可以理解为数组元素的索引，数组下标 i 为相对索引，指针变量 p 为绝对索引。通过数组名 a（绝对索引）下标 i 和指针变量 p 可以相互换算。

n 维数组 a[N1][N2]…[Nn]是一个一维数组 a[N1]（注：N 表示长度，数字表示维数），其每个元素 a[i1]是 n–1 维数组（注：i 表示下标，数字表示第几维），这是递归定义。只有数组元素 a[i1][i2]…[in]在内存中有相应的数据单元，对于一维数组元素 a[i1]只是一个逻辑单元，并且代表 n–1 维数组。通过下标法 a[i1][i2]…[in]可直接访问数组元素，也可以通过指针法间接访问数组元素。对于 n 维数组，a+i1、&a[i1]是指向 n–1 维数组的指针；*(a+i1)+i2 和&a[i1][i2]是指向 n–2 维数组的指针；依此类推，*(…*(*(a+i1)+i2)…)+in 和&a[i1][i2]…[in]是指向数组元素 a[i1][i2]…[in]的指针。可以定义相应的指针变量保留相应的指针，即(*p1)[N2]…[Nn]为指向 n–1 维数组的指针变量，即 p1=a+i1 或 p1=&a[i1]；(*p2) [N3]…[Nn] 为指向 n–2 维数组的指针变量，即 p2=*(a+i1)+i2 或 p1=&a[i1][i2]；依此类推，*pn 为指向 n 维数组元素的指针变量，即 pn=*(…*(*(a+i1)+i2)…)+in 或 pn=&a[i1][i2]…[in]。

对于二维数组 a[N1][N2]，第一维称为行，第二维称为列。数组名 a 和指针变量(*p1)[N2]是指向行的指针，因此 p1=a+i1 表示第 i1 行的指针，即指针 a 或 p1 的指向是以行为单位的（即数组元素个数为 N1 的一维数组）。a[i1]和 p2 是指向二维数组元素的指针（a[i1]相当于数组元素个数为 N2 的一维数组名），因此 p2=a[i1]+i2 或 p2=*p1+i2 或 p2=*(a+i1)+i2 或 p2=&a[i1][i2]表示第 i1 行、第 i2 列元素的指针，即指针 a[i1]或 p2 的指向是以二维数组元素为单位的，或者使用下标法 a[i1][i2]直接访问第 i1 行、第 i2 列元素，还可以使用指针法*p2 或*(*(a+i1)+i2)或*(a[i1]+i2)或*(&a[i1][i2]) 间接访问第 i1 行、第 i2 列元素。

指针是一种数据类型，根据指针类型也可以定义数组，称为指针数组，即数组元素是指针变量，如*ps[N]为长度为 N 的一维指针数组，即数组元素 ps[i]为指针变量，可保留其他变量的指针，数组名 ps 也是指针，对于其他变量而言，ps 就是二级指针。指针数组具有数组的一般特性，既可以方便进行批量处理，又可以保留指针，故指针数组常作为批量数据的索引。

C 语言有字符串常量而没有字符串数据类型，故没有字符串变量，但可用一维字符型数组保留字符串常量。由于字符串关心其有效长度，因此保留字符串的字符数组需要足够大，并以'\0'作为字符串结束标记。通过字符型数组的处理方法或针对字符串的处理函数可以实现对字符串的比较、复制、连接等处理。

数组必须先定义、后使用，也就是数组的数据类型、维数和每一维长度都必须在程序中指定，以便程序编译阶段为其分配数据单元，在一定程度上也限制数组的应用。动态内存分配和撤销函数可以在程序运行阶段分配和撤销连续数据单元，等同于在程序运行期间动态生成和管理一维数组。通过数据类型的强制转换、直接计算指针或下标方式，一维数组可以当多维数组使用。

void 空类型也是基本类型，可以作为函数返回值类型，表示该函数没有返回值。若 void 空类型作为变量类型，则表示变量具体类型待定（可以是 void 空类型除外的其他类型），在实际应用中，需要进行强制类型转换，这样变量才有意义，才可以使用。

1.5 构造类型数据（二）

除指针类型、数组类型外，构造数据类型还包括结构体类型、共用体类型和枚举类型。结构体类型及其变量、数组的形式可定义为«struct» ⌊«结构体类型名»⌋{ «成员声明表列»}⌊«变量名列表»⊥«数组名列表»⌋;，其中，struct 是结构体类型的关键字，“结构体类型名”为自定义标识符，“成员声明表列”由若干个成员声明组成，即«成员声明 1» ⌊, «成员声明 2»⌋^{n};，而每个“成员声明”形式为«数据类型符» «成员名 1»⌊, «成员名 2»⌋^{n};。结构体类型可以汇集各种类型的成员，这些成员可以是变量成员、数组成员、字符串成员和指针成员等。由结构体类型定义的变量包含成员变量、成员数组、成员字符串和成员指针等。结构体变量的数据单元是由各成员数据单元构成的，即是结构体变量的数据单元的大小是各成员数据单元大小之和，而且各成员的顺序与定义结构体类型成员顺序一致，另外在定义结构体变量时可以初始化。结构体变量初始化时，构造类型成员对应一对花括号。对于嵌套多层的结构体类型，定义变量并初始化可以省略内部的花括号，其初始化是花括号内的常量依次保留到对应的成员数据单元中。对于部分初始化，只能默认后面的常数项。对于默认的数据内容，系统自动初始化为 0（对于整型和浮点型成员）或'\0'（对字符型或字符串成员）或 NULL（空指针，对于指针类型成员）。对结构体类型变量的访问有两种方式，即直接访问和间接访问。直接访问通过成员运算符“.”实现，形式为«结构体变量»«.»«成员名»，而间接访问通过指向成员运算符“->”实现，形式为«结构体指针»«->»«成员名»。成员运算符或指向成员运算符都是左结合性、优先级为 1 级。结构体类型不仅可以定义结构体变量，而且可以定义数组和指针变量等。

共用体类型及其变量的定义和访问形式与结构体类型及其变量的定义和访问形式相同，但具有不同含义。共用体类型及其变量、数组的形式可定义为«union»⌊«共用体类型名»⌋{ «成员声明表列»}⌊«变量名列表»⊥«数组名列表»⌋;，其中，union 是共用体类型的关键字，“共用体类型名”是自定义标识符，“成员声明表列”由若干个成员声明组成，其形式为«成员声明 1»⌊, «成员声明 2»⌋^{n};，而每个“成员声明”形式为«数据类型符» «成员名 1»⌊, «成员名 2»⌋^{n};。共用体类型包括各种类型的变量成员、数组成员和指针成员等，共用体类型变量的数据单元大小是成员中数据单元最大的成员，各成员的指针值相同，共享共用体数据单元，因此对某个成员的赋值将全部或部分覆盖其他成员以前的值，使得原成员的值不可预见，而只知道当前成员值。通过成员运算符直接访问共用体的成员变量、成员数组和成员指针等，通过指向成员运算符间接访问成员变量、成员数组和成员指针等。

在定义枚举类型时，使用 enum 关键字标识枚举类型，并由用户给定的常量构成，其形式为«enum» «枚举类型名»{«枚举常量列表»};，另外枚举类型变量的取值只能是枚举常量。枚举常量由系统自动定义从 0 开始的序列号，但序列号不等于枚举常量，因为它们分别属于整型数据和枚举类型数据。整型数据与枚举类型数据可以通过强制类型转换实现两种类型变量之间的赋值。

typedef 语句可以对没有构造类型名的构造类型命名，也可以对已有数据类型名的数据类型重新命名。通过 typedef 语句命名的数据类型可以增强程序的可读性和程序移植的灵活性。

1.6 模块化程序设计

C 语言模块化程序设计体现在函数概念上。根据函数的来源，函数可以分为系统函数和自

定义函数；根据函数的参数，函数可以分为有参函数、无参函数及空函数。C 语言模块化程序设计表现在自定义有参函数和无参函数上。函数定义形式为

```
⌊«extern»⌋⊥⌊«static»⌋«数据类型符» «函数名» (⌊«形式参数声明列表»⌋)
{
    ⌊«函数声明»⌋^n
    ⌊«数据类型定义»⌋^n
    ⌊«数据定义»⌋^n
    ⌊«语句»⌋^n
    ⌊return ⌊ («运算数») ⌋⊥⌊«运算数»⌋⌋;
}
```

函数调用体现函数之间的联系，它是模块组织形式的集中体现，涉及函数声明形式和函数参数的结合形式。函数参数可以分为函数定义中的形参和函数调用中的实参，其中形参可以是变量（包括基本类型变量和构造类型变量）和数组（实际上是指针变量），形参的数据单元是动态数据单元，即在函数调用时，由系统动态分配数据单元，函数执行结束后，由系统回收数据单元。实参可以是常量、有值的变量和表达式。在函数调用过程中，实参和形参必须一一对应，即参数个数和对应位置的参数数据类型必须一致。实参和形参的结合过程是实参传递复制数值给形参的过程，由于形参和实参不共享相同的数据单元，因此形参的变化不影响实参。当指针（包括变量指针、数组和函数名）作为参数时，复制的数值是指针（地址），虽然属于直接访问，但强调直接访问获得指针后进行的间接访问。C 语言程序的运行方式是串行运行，即主调函数调用完被调函数后，转向被调函数运行，而主调函数处于等待状态，只有被调函数运行结束后并返回，主调函数才可以接着运行。任何函数调用都要返回，只有 void 函数类型不返回值，或 void *函数类型返回指针值但指向单元性质待定，而其他函数都可以返回一个数据（基本类型或构造类型数据）。函数调用可以嵌套调用，而且不受调用层次的限制。递归调用是一种特殊的嵌套调用，即直接或间接调用函数本身。在递归调用时，参数的变化尤为重要，为了避免无限递归耗尽内存资源，递归参数变化一定朝着递归出口进行，这样递归才可能结束。动态内存管理是在程序运行中进行维护和管理的，这非常有利于对规模数据单元不确定的数据进行管理和处理，但也导致程序效率变低。为了体现模块化的特性，函数可以在一个文件或多个文件中定义，采用内部函数和外部函数有效范围机制来规定函数的有效范围，确保函数的调用安全。在函数定义时，static 修饰符表示所定义的函数为内部函数，只能在本文件内被调用，而 extern 修饰符或省略修饰符表示所定义的函数为外部函数，可以跨文件被调用。在处理文件包含或联合编译时，需要确定函数之间调用的合法性，并且加强函数模块化程度和安全性。内部函数和外部函数是根据源程序文件是否可以各自编译后再进行连接来划分的，而文件包含不区分内部函数和外部函数。这是由于在编译预处理后形成统一的源程序文件，所有函数本质上都在一个文件中，或者说所有函数都只是内部函数。为了确保函数的正确调用，往往需要对函数进行声明，函数声明形式为：

```
⌊«extern»⌋ «数据类型符» «函数名» (⌊«形式参数声明列表»⊥«数据类型符列表»⌋);
```

为了保证函数成功调用，被调函数必须存在。当被调函数不在主调函数调用的有效范围内，需要通过函数声明扩大函数被调用的有效范围，使其能被主调函数调用。一个文件内函数定义必须唯一，但函数声明可以不唯一。

主函数 main 是特殊的用户自定义函数，其定义形式为

```
⌊«数据类型符»⌋ «main» (⌊«int argc, char **argv»⌋){ «函数体» };
```

其特殊性主要体现在 main 是关键字；main 函数只能是主调函数，不能成为被调函数；main 函数是程序运行的入口，由操作系统启动（或调用）；main 函数可以是有参函数也可以是无参函数；对于有参函数，形参只能有两个，分别为 int 型和指向字符变量的指针数组。在运行命令时，第 1 个实参为命令及参数个数（参数个数+1），第 2 个实参为每个元素指向命令及实参的字符串。

1.7 变量有效范围与存储类别

变量是计算机高级语言的核心，其涉及决定存储单元大小和数据精度的数据类型，决定变量可访问的有效范围和决定变量生存期的存储类别，即变量的属性包括数据类型、有效范围和存储类别。在一个程序文件中，函数内及其复合语句内定义的变量为内部变量，内部变量在函数内或复合语句内可以被访问，而函数外定义的变量为外部变量，外部变量从定义处开始到文件结束所有语句均可以被访问。把变量的有效范围理解为一种区域，其覆盖到的函数和语句均可以访问变量。在文件中可以定义有效范围不同的变量，可以出现区域之间的交叉或覆盖的情况。一旦在交叉或覆盖区域含有同名的变量时，被覆盖内的变量访问优先权高于覆盖的变量优先权，也就是被覆盖屏蔽了覆盖，语句访问到的是被覆盖的变量。在一个文件中，若外部变量不是从文件开头处开始定义，则其有效范围只覆盖到部分文件，即从文件开头处到定义处的函数无法访问该外部变量，故该外部变量为局部变量；若外部变量从文件开头处开始定义，其有效范围覆盖了整个文件，则该外部变量为全局变量。从覆盖角度看，内部变量也可以理解为局部变量，通过外部变量声明可以改变局部变量（函数外定义）的有效范围，其声明形式为

```
«extern» «数据类型符» «外部变量名 1»⌊, «外部变量名 2»⌋ⁿ;
```

若外部变量声明在函数内，则其有效范围覆盖到整个函数；若外部变量声明在函数外，则其有效范围覆盖到从其声明处到文件结束。尤其是当外部变量声明在文件开头处时，外部变量的有效范围覆盖到整个文件，故该变量成为全局变量。在多个文件中的外部变量的有效范围与是否跨文件有关，这种外部变量的定义形式为

```
⌊«extern»⌋⊥«static» «数据类型符» «外部变量名 1»⌊, «外部变量名 2»⌋ⁿ;
```

其中，extern 可以省略，表示所定义的外部变量可以被跨文件访问，即这样的外部变量有效范围可以覆盖到另外文件。而 static 表示所定义的外部变量只限于被本文件内访问，即这样的外部变量有效范围最多只覆盖到本文件。对许可跨文件访问的外部变量进行定义，另一个文件需要对该变量进行变量声明。变量声明与变量定义不同，其可以多处出现。由于存在跨文件的外部变量定义和声明，因此变量有效范围改变了，故可能出现同名变量有效范围覆盖重叠，出现这种情况时需要遵循被覆盖的变量访问优先权大于覆盖的变量访问优先权的原则。可以看到，变量的有效范围提供了正确访问变量的安全性措施。

变量的生存期是指变量数据单元在程序运行过程中存在的时间，变量可分为动态变量和静态变量。动态变量在函数调用后开辟数据单元，在函数结束后数据单元撤销。静态变量在程序运行期间数据单元始终存在，直至程序结束。动态变量的动态特性是对动态变量的初始化重复进行，而静态变量的静态特性是对静态变量只初始化一次。在程序设计中，变量存储类别又可

细分为 4 种：自动（auto）、静态（static）、寄存器（register）和外部（extern）的存储方式。这 4 种变量的形式为

```
⌊«auto»⌋⊥«static»⊥«register»⊥«extern» «数据类型符» «变量名 1»⌊, «变量名 2»⌋n;
```

内部变量有自动、静态和寄存器 3 种存储方式；外部变量有静态和外部两种存储方式；外部变量只有静态存储，而采用静态或外部存储方式定义外部变量只是决定外部变量的有效范围是否跨文件。

总之，根据变量对应数据单元的生存期，变量分为动态变量和静态变量；根据变量对应数据单元的存储位置，变量分为内存变量和寄存器变量；根据变量在函数内外，变量分为内部变量和外部变量；根据变量可访问的范围（有效范围），变量分为局部变量和全局变量；根据变量是否允许跨文件访问，变量分为文件内部访问和跨文件访问。变量所属的数据类型和存储类别是通过关键字进行标识的，而变量的有效范围是通过变量在程序中的位置体现的。在编写程序过程中应该正确理解变量的数据类型、有效范围和存储类别这 3 个属性。

1.8　数据位运算

位运算是 C 语言作为计算机高级语言实现低级语言功能之一的运算方式，在应用软件、系统软件和支撑软件开发中得到广泛应用。位运算是以二进制位为单位的运算，位运算符包括按位逻辑运算符和移位运算符两类，按位复合赋值运算符包括按位逻辑复合赋值运算符和移位复合赋值运算符。移位运算包括左移位运算（<<）和右移位运算（>>）。左移位运算的形式为«运算数»«<<»«移位次数»，表示“运算数”所有二进制位向左进行“移位次数”次移位，左边最高位丢失，右边补 0。每左移位 1 次，相当于对“运算数”乘 2。右移位运算的形式为«运算数»«>>»«移位次数»，表示“运算数”所有二进制位向右进行“移位次数”次移位，右边最低位丢失，左边补 0（无符号数）或补符号位（有符号数，符号位不变）。每右移位 1 次，相当于对“运算数”除以 2，若“运算数”为奇数，则移位次数取不大于商的整数。移位运算的“运算数”可以是字符和整数（有符号整数按补码形式表示和存储）。移位复合赋值运算符为“<<=”和“>>=”，其“运算数”必须是有值的变量。按位逻辑运算是把运算数的二进制 1 和 0 分别当成逻辑真和逻辑假。按位逻辑运算包括按位求反（~）、按位逻辑与（&）、按位逻辑或（|）和按位异或（^）四种。按位求反（~«运算数»）是把“运算数”的每位二进制位 0 和 1 互换，其他按位逻辑运算（«运算数 1»op«运算数 2»，其中“op”可以是“&”“|”“^”之一）。对于“&”运算，若两个运算数对应的二进制位均为 1，则运算结果为 1，其他情况运算结果均为 0。对于“|”运算，若两个运算数对应的二进制位均为 0，则运算结果 0，其他情况运算结果均为 1。对于“^”运算，若两个运算数对应的二进制位不同，则运算结果为 1；若二进制位相同，则运算结果为 0。在运用上，位运算可完成低级语言的某些功能，如置位（置 1）、清零（清 0）和移位等，该运算也可用于数据加解密和压缩存储等。在本质上，位域类型是特殊的结构体类型，其成员按二进制位分配。位运算的形式为

```
«struct» «位域类型名» {
                          «数据类型符 1»«位域名 1»«: 位域长度 1»;
                          ⌊«数据类型符 2»«位域名 2»«: 位域长度 2»;⌋n
                        };
```

位域类型及其变量定义和访问与结构体类型及其变量定义和访问相同，只是多个位域共享同一个字节。位域变量直接访问的形式为«位域变量»«.»«位域名»，位域变量间接访问的形式为«位域指针»«->»«位域名»，这两种形式均表示位域变量的成员变量。由于指针指向的最小数据单元为字节，因此只有位域变量的指针而没有位域成员变量的指针，也就不能对位域成员变量取地址。位域类型提供了实现数据压缩、节省存储空间及提高程序效率的手段。

1.9 数据文件处理

文件是存储在计算机外部介质上有序的数据集合，通过文件名唯一标识。文件名一般包括盘符、目录路径、文件主干名和文件扩展名。根据存储内容文件可分为程序文件和数据文件；根据存储形式（编码）文件可分为文本文件和二进制文件。文本文件以 ASCII 码形式存储数据，由于内存数据（二进制）和外存数据（ASCII）形式不一致，因此在进行文件读/写时需要进行文本数据和二进制数据的转换。二进制文件以二进制形式存储数据，由于内存数据（二进制）与外存数据（二进制）形式一致，因此在进行文件读/写时无须进行数据转换。本书重点讨论数据的文本文件和二进制文件的访问。C 语言文件系统可分为缓冲文件系统（高级文件系统）和非缓冲文件系统（低级文件系统），前者为编译系统开辟输入/输出缓冲区，与操作系统无关，可移植性好；后者为程序自设输入/输出缓冲区，与操作系统相关，可移植性差。

关于缓冲文件系统的文件缓冲区和文件读/写等信息，C 语言给出了 FILE 结构类型进行描述。对文件进行访问之前必须先打开文件，打开文件的主要目的是建立文件指针和开辟输入/输出缓冲区。打开文件后，动态分配 FILE 类型的数据单元，并充填和维护相应信息，返回文件指针。程序中涉及的文件读/写过程使用该文件指针即可。在程序结束运行之前，必须关闭文件，其主要目的是在读/写所有缓冲区的数据后回收缓冲区，并在文件尾部插入文件结束标记 EOF。由于文件的访问可分为读、写和追加，并且文件又分为文本文件和二进制文件，因此在文件打开时会涉及文件名和文件打开模式，其中文件打开模式包含文件的类型（文本文件、二进制文件）和访问（读、写、可读可写、追加、可读可追加）信息。实现文件打开和关闭的函数有 fopen 函数和 fclose 函数。

文件打开后，形成唯一一个可以变动的文件“访问位置”标记，该标记与编辑软件中的光标类似，该标记的位置就是文件读/写位置。根据文件“访问位置”的变动，文件访问过程可分顺序访问和随机访问。文件顺序访问就是从文件“访问位置”开始（一般从文件头）依次读/写文件，每次读/写操作结束后，文件“访问位置”自动后移。而随机文件访问就是从文件“访问位置”开始，然后重新定位文件“访问位置”，再进行读/写。文件“访问位置”的定位由 rewind 函数和 fseek 函数实现。

文本文件的访问函数包括读/写文件字符（fgetc 函数和 fputc 函数）、读/写文件字符串（fgets 函数和 fputs 函数）、按格式读/写文件数据（fscanf 函数和 fprintf 函数）。二进制文件的访问函数包括按数据块读/写文件数据（fread 函数和 fwrite 函数）。

若文件打开、关闭和文件访问函数出错，则返回错误表示值，可以通过出错检测函数 ferror 获取当前文件访问的错误表示值。对当前错误表示值可以通过 clearerr 函数进行清除处理。

对于非缓冲文件系统，通过打开或创建文件，并由操作系统统一分配唯一的文件柄来标识正在访问的文件。输入/输出缓冲区（变量、数组数据单元）由程序自行设置。文件、文件柄和输入/输出缓冲区关联在一起由操作系统维护。

程序对文件的读/写本质上是对缓冲区的读/写。对于缓冲文件系统，缓冲区数据与外存的文件数据之间的交互由缓冲文件系统进行维护。通过缓冲文件系统可以解决内存与外存数据访问速度不匹配的问题。缓冲文件系统以字符、字符串、格式方式和数据块（二进制）方式对文件进行读/写，这丰富了文件访问形式，但是该系统的文件访问效率比非缓冲文件系统的文件访问效率低。非缓冲文件系统由程序在程序数据区中开辟缓冲区，并且只能按数据块方式对二进制文件进行读/写，故该系统具有文件高效访问的特点。

1.10　C 语言学习体会

软件系统经常是现实物理系统（也可以是虚拟系统）的一种模拟，如财务软件系统模拟真实财务管理业务和流程，同时充分发挥计算机高速运转、大量存储及实时交互等优点，使计算机成为工作、学习和生活中高效、有效的应用工具。计算机硬件的性能（主频高低、内存大小、总线宽度等）是计算机工作的基础，而计算机软件的功能（如科学计算、人事管理、游戏等）确保计算机的应用，硬件和软件构成了完整的计算机系统。在硬件确定的情况下，可以配备不同的软件，使得计算机具有不同的功能，并扮演不同的角色，如游戏机、学习机和办公系统等。在此意义上，软件成就了计算机的普适性，反过来说，任意一款软件都是针对不同应用背景产生的。

软件的模拟性、针对性使得软件开发必须深入研究现实世界的物理系统，尤其物理系统中的客观对象及其关系，如人事管理中张三（男，20 岁，月薪 5000 元）、李四（女，18 岁，月薪 6000）等；地层评价中检测深度 1000m（自然电位 20mv，自然伽马 500c/s，电阻率 0.4mΩ）、1000.125m（自然电位 20.5mv，自然伽马 501c/s，电阻率 0.42mΩ）等。进一步对客观对象及其关系的共性进行抽象，成为概念世界（人脑）中的对象类型及其关系类型，如人事管理中“人员”，地层评价中“深度点”，尤其对对象属性进行抽象，如人事管理中对象类型为“人员（姓名，性别，年龄，月薪）”，地层评价中对象类型为“测井系列（深度，自然电位，自然伽马，电阻率）”，也可以形式化为 Person(name, sex, age, salary)，Logging(depth, sp, gr, r)，其中 name、sex、depth 等为属性。在概念世界中，还要完成数据变换描述，即进行数据建模，如人事管理中平均工资 avg=f(salary)，地层评价含水饱和度 s=g(sp, gr, r)等。在完成现实世界到概念世界转变后，接着需要通过编程进入计算机世界进行问题求解、事务管理和事务处理等，即首先进行数据结构设计、算法设计和编码，完成程序设计，最终生成软件。

计算机高级语言（如 C 语言）是问题求解、事务管理、事务处理等进入计算机世界的工具，而核心是基于数据结构和算法的程序设计，即“数据结构+算法=程序设计”。采用 C 语言进行程序设计为 C 程序设计，还可以用其他语言进行程序设计，如 FORTRAN 程序设计、BASIC 程序设计和 Java 程序设计等。

为了在计算机世界中进行问题求解、事务管理、事务处理等，通过利用计算机语言的基本数据类型、构造数据类型对概念世界的对象类型及其关系类型一一对应描述，如性别为字符型（char）、年龄为整型（int）、月薪为浮点型（float）、自然电位为浮点型（float）等、Person 为结构体类型（struct Person{char name[20]; char sex; int age; float salary;}）、Logging 为结构体类型（struct Logging{ float depth, sp, gr, r;}）等。根据客观世界中单个对象或对象集合，采用变量、数组和链表等对其进行管理、处理。这些变量、数组和链表节点等都是根据数据类型进行定义生成的。数据类型定义、变量定义、数据定义及链表定义创建就是数据结构设计过程。数

据类型、变量和数组等都是由计算机语言规定的字符集生成的标识符表示。标识符进一步分成保留字标识符（如 int、float 等）和自定义标识符（如 Person、Logging，变量名、数组名等）。现实世界中对对象进行增加、删除、修改或排序等操作，概念世界中的建模表达了数据的变换，在进入计算机世界前，需要进行算法设计，进而表达问题求解、事务管理、事务处理过程。算法中每个步骤是确定无异议的，这些步骤除决定算法的跳转或循环走向外，更多是表达对象或对象属性的变换处理。采用计算机语言（如 C 语言）描述数据结构设计和算法设计就是程序设计（如 C 语言程序设计）。为了增强程序的可读性和提升软件质量，算法设计、程序设计都是结构化的。无论多么复杂的算法或程序，都是采用结构化，包括顺序结构、选择（分支）结构和循环结构。一条语句没有任何判断依次执行相邻下一条语句构成了顺序结构程序，而选择语句（if 语句、switch 与 break 语句）或循环语句（for 语句、while 语句、do-while 语句）根据是否满足条件来决定跳转到指定位置再接着执行相关语句，break 语句和 continue 语句无条件跳转到默认指定位置再接着执行相关语句，这些语句都改变了程序语句执行的走向。求解问题的流程为客观问题、事务→抽象表示、建模→数据结构+算法到结构化程序→程序运行→完成问题求解、事务管理、事务处理等。可以看到，程序中数据类型反映描述问题的能力，而运算符反映处理问题的能力，结构化语句反映问题的处理，程序反映问题处理的流程。

除结构化外，软件研发还常常需要分工协作，要求先按功能划分，再进行集成，即模块化程序设计——把大功能分解为小功能，再进一步分解为更小的功能，直到分解为最简单的基本功能。每个子功能均为功能模块且在 C 语言中体现为函数。模块化程序设计除可以增强程序可读性外，还可以增强程序的可修改性和可重用性。模块的连接通过模块接口进行，具体到 C 语言就体现在函数调用和函数返回上，这是模块间唯一的联系方式，故模块具有相对独立性。这个特性使一个模块的变化不影响到其他模块，也使模块具有很好的可修改性。一方面，一个模块可以被多个模块调用，即这个模块的代码被其他模块共享，模块具有可重用性（复用性），可以提高软件开发的高效性；另一方面，相同功能的模块可由不同算法实现，导致执行效率不同，模块单一接口形式可以确保选择高效的模块，进而提高软件的性能。这种“强功能、弱耦合”是模块化的优点，但是单一的数据通道等缺点降低了软件的工作效率，故模块化提供了外部变量作为模块间数据交互的通道。为了数据访问安全，外部变量增加了有效范围。为了程序安全，在不同文件间，对外部变量、函数也增加了有效范围，使得变量和函数访问更加安全。此外，对变量还增加了动态和静态的处理方式，提高内存空间的管理效率。

计算思维是运用计算机科学的基础概念、原理和方法进行问题求解、系统设计，以及人类行为理解等涵盖计算机科学广度的一系列思维活动，也就是基于计算机科学的思维，其与理论思维（以数学为代表）和实验思维（以物理为代表）构成当代思维体系，因此计算思维是当今社会人们必须具备的一种普适的思维能力。计算机基础教育承载计算思维教育，这主要体现在计算机基础知识和应用技能的培养，其中计算机基础知识包括计算机文化基础与使用、计算机硬件和软件技术基础和计算机应用基础 3 个层次。计算机语言及其程序设计是计算机基础技术的重要组成部分，它涵盖了问题描述、数据结构设计、算法设计、程序设计及程序运行与问题验证，因此它是计算思维教育的核心内容组成部分。对于 C 语言的学习不能只简单理解为工具性的掌握，而是要以 C 语言为载体来掌握基于计算机的问题求解方法，即计算思维培养。计算机应用针对具体应用，而采用计算思维进行软件的规划、设计，并采用计算机语言（如 C 语言）和开发环境（如 Visual C++）进行编写，实现问题求解。就本书而言，基于人工智能搜索策略，采用数据结构和 C 语言，实现通用问题求解，提高读者计算机的应用技能。

1.11　本章小结

本章主要回顾、总结了 C 语言及其程序设计的内容，包括 C 语言、算法及程序、程序设计、数据、变量、常量、运算及复合运算、基本数据类型及构造类型、结构化程序设计、模块化程序设计、变量和程序有效范围、变量存储类别和数据文件处理。通过 C 语言的学习体会，站在软件系统实现的角度，把 C 语言的知识点串联起来。

习题 1

1. 根据计算机高级语言的编程风格，计算机高级语言可以分为几种？各有什么特点？
2. 叙述算法的定义、特点及与程序的关系。
3. 函数

$$y=\begin{cases}2+3x, & 当 x\leqslant 0 时\\ \sum_{i=1}^{5}(i^{2x}+5), & 当 x>0 时\end{cases}$$

分别用自然语言、伪语言、流程图和 N-S 图描述算法。

4. 什么是结构化程序设计？在结构化程序中有哪 3 种基本控制结构？
5. 什么是模块化程序设计？在 C 语言程序中是如何体现模块化特性的？
6. 采用结构化和模块化程序设计各有什么优点？
7. 叙述软件开发过程。
8. 叙述 C 语言上机实践过程。
9. 叙述下列名词的含义

（1）标识符、标识符的作用

（2）数据、常量、变量、表达式、运算数

（3）数据类型、整型、浮点型、字符型

（4）运算、运算符

（5）函数、程序构成

（6）变量属性

（7）预处理命令

10. 在学习运算符时，需要掌握运算符的什么要点？
11. 按照优先级从高到低的顺序写出所学的运算符。
12. 表达式和语句有什么不同？
13. 为什么在 C 语言程序设计中变量必须先定义后使用（访问）？
14. 判断下面标识符的合法性（正确<u>√</u>，错误<u>×</u>）：

a.b	Data_base	arr()	x−y	_1_a	$dollar	_Max
fun(x)	3abc	Y3	No:	(Y/N)?	J.Smith	a[1]

Yes/No　　ox123　　0x123　　x=y　　a+b–2　　_1_2_3　　funx

15．(a=5)&&a++||a/2%2，表达式的值为______，a 值为______。

16．判断下面常量合法性（正确√，错误×）：

'Abc'	2^4	–0x123	10e	077	088	\'n'	"A"
+2.0	0xab	10e–2	0xef	\'111'	"x/y"	π	'\ff'
35C	'?'	e3	–085	xff	'\aaa'	10:50	"#"
3.	–85	ff	'\xab'	"10:50"	'\\'	"\\"	'\t'

17．对于整数 10 和–10，给出其所属不同整型在内存数据单元中的存储形式。

数据类型	10	–10
int		
short int		
long int		
unsigned int		
unsigned short		
unsigned long		

然后把存储形式转换为八进制数和十六进制数，编程验证正确性。

18．定义 int x=10, y, z;执行 y=z=x;x=y==z;后，变量 x 的值为______。

19．以下运算符中优先级最低的运算符为________，优先级最高的为________。

A．&&　　B．!　　C．!=　　D．||　　E．>=　　F．==

20．若 w=1, x=2, y=3, z=4，则条件表达式 w<x?w:y<z?y:z 的结果为________。

A．4　　B．3　　C．2　　D．1

21．根据题意写出表达式

（1）设 n 是一个正整数，写出判断 n 是偶数的表达式为________。

（2）设 a、b 是实数，写出判断 a、b 同号的表达式为________。

（3）设 a、b、c 是一个三角形的三条边，分别写出判断直角三角形、等边三角形和等腰三角形的条件为________。

22．已知 int a=10, b=2;float c=5.8;，分别求下面表达式的值。

（1）a+'a'–100*b%(int)c

a+++b++–a– – –b– –

b++%a++*(int)c

（2）a>b–4*c!=5

c<=a%2>=0

（3）a&&b||c–6

c–6&&a+b

!c+a&&b

（4）a>b%3?a+b:a–b

a>b?a>c?a:c:b>c?c:b

23．顺序程序设计

（1）将华氏温度转换为摄氏温度和绝对温度，其转换关系为

$c=\frac{5}{9}(f-32)$　　　　（摄氏温度）

$k=273.16+c$　　　　（绝对温度）

（2）把极坐标(r, θ)（θ 的单位为度）转换为直角坐标(x, y)，其转换关系为

$x=r*\cos\theta$

$y=r*\sin\theta$

（3）求任意 4 个实数的平均值、平方和、平方和开方。

24．分支程序设计

（1）break 语句与 switch 语句配合使用能起到什么作用？

（2）利用程序实现如下函数。

$$y=\begin{cases}\frac{\sin(x)+\cos(x)}{2}, & x\geqslant 0\\ \frac{\sin(x)-\cos(x)}{2}, & x<0\end{cases}$$

（3）字符判断、转换输出：小写英文字母转换为大写英文字母输出；大写英文字母转换为小写英文字母输出；数字字符保持输出不变；其他字符输出“other”。

（4）由键盘输入 3 个数 a、b、c，输出其中最大的数。

（5）由键盘输入 4 个数 a、b、c、d，将 4 个数由小到大排序输出。

（6）将百分制成绩转换为成绩等级：90 分以上为 A，80～89 分为 B，70～79 分为 C，60～69 分为 D，60 分以下为 E。

25．循环程序设计

（1）循环程序由几个部分组成？

（2）goto 语句与 if 语句在实现循环的过程中有什么优缺点？

（3）break 语句与 continue 语句在循环语句中起到什么作用？

（4）从跳转位置来看，goto 语句、break 语句和 continue 语句有什么不同？在循环嵌套中的应用有什么不同？

（5）求数列 12、22、32…202 的和，要求用三种循环语句实现。

（6）求和 $s_n=\frac{1}{1}+\frac{1}{1+2}+\frac{1}{1+2+3}+\cdots+\frac{1}{1+2+3+\cdots+n}$。

（7）求方程 $3x+5y+7z=100$ 的所有的非负整数解。

26．解释批量数据存储方式、数组、下标、指针、指针变量的含义。

27．在一维数组中找出最大的数，然后与第一个数交换，然后输出数组所有元素。分别用数组下标法和指针法实现。

28．对一维数组元素逆序存放，然后输出数组元素。分别用数组下标法和指针法实现。

29．已知数组中若干个整数从小到大排序，在插入一个数后，数组的顺序性保持不变。分别用数组下标法和指针法实现。

30．已知两个数组元素均从小到大排序，在合并两个数组后，还保持新数组元素的有序性不变。分别用数组下标法和指针法处理。

31．用选择法对一维数组元素按照从大到小的顺序排序。分别用数组下标法和指针法实现。

32．对同一个 4×4 二维数组进行转置，如

转置前 $\begin{pmatrix} 1 & 2 & 3 & 4 \\ 5 & 6 & 7 & 8 \\ 9 & 10 & 11 & 12 \\ 13 & 14 & 15 & 16 \end{pmatrix}$ 转置后 $\begin{pmatrix} 1 & 5 & 9 & 13 \\ 2 & 6 & 10 & 14 \\ 3 & 7 & 11 & 15 \\ 4 & 8 & 12 & 16 \end{pmatrix}$

分别用数组下标法和指针法实现。

33. 从键盘输入一个字符串，统计其中字母、数字和空格的个数。分别用数组下标法和指针法实现。

34. 把一个字符串中的元音字母都删除后输出字符串。分别用数组下标法和指针法实现。

35. 用选择法实现对10个英文单词按字典中的顺序排序。分别用数组下标法和指针法实现。

36. 将10个分数（按照分子/分母的顺序输入），按分数值从小到大的顺序排序。分别用指针法和数组下标法实现。

37. 已知8名学生的基本信息，输入每名学生的姓名和2门课程的成绩，按照总成绩从高到低的顺序排序。分别用指针法和数组下标法实现。

38. 解释基本概念

函数定义与函数声明、函数调用与函数返回、 函数嵌套调用与函数递归调用、函数形参与实参、内部函数与外部函数、内部函数与外部函数的有效范围、include 预处理命令

39. 已知标识符 p、p1、p2、p3、p4、p5、p6、p7，其定义形式为

float p, *p1, *p2[5], (*p3)[5], *p4[3][4], (*p5)[3][4], **p6, (*p7)();

解释说明 p、p1、p2、p3、p4、p5、p6、p7 的含义。

40. 函数有哪些划分形式？

41. 文件包含、编译和连接都可以实现两个文件的联合，它们有什么不同？

42. 主调函数和被调函数的关系在程序执行过程中是如何体现控制与被控制的关系？

43. 在函数调用关系中，函数参数可分为几种？各有什么特点？

44. 根据文件中函数的位置，函数的有效范围是如何划分的？

45. 根据函数在文件中的位置，函数可分为几类？函数声明有什么作用？

46. 主函数 main 有哪些特点？

47. 从程序安全角度解释：在函数定义中，关键字 static 和关键字 extern 起什么作用？

48. 用牛顿迭代法求方程 $ax^3+bx^2+cx+d=0$ 的根，其中 a、b、c、d 和第一个根的近似值由键盘输入。

49. 用梯形法求定积分 $\int_a^b f(x)\mathrm{d}x$，其中 $f(x)=5x^2+6x-3$，上下限 a 和 b 从键盘输入。

50. 用递归方法求一个自然数的最大公约数。

51. 用递归方法求 $n!$。

52. 已知分数数列 $\frac{1}{2},\frac{2}{3},\frac{3}{5},\frac{5}{8},\frac{8}{13},\ldots$ 用结构体描述分数，采用递归方法求第 n 项，n 从键盘输入。

53. 输入3个数，调用一个函数同时可得3个数中的最大值和最小值。

54. 变量定义需要涉及哪三个属性？各有什么含义？

55. 从程序、数据安全角度解释：什么是变量的有效范围？根据变量与函数定义中的位置关系，变量可分为哪两种变量各有什么特点？若变量在同一个文件内，则变量可分为哪两种变量各有什么特点？若变量在不同文件内，则变量可分为哪两种变量各有什么特点？

56. 变量声明与变量定义有什么不同？为什么需要进行变量声明？根据变量在同一个文件和不同文件内，变量是如何声明的？

57. 什么是变量的存储类型？变量存储类型可分为哪两大类？根据变量与函数定义中的位置关系，变量可细

分为哪些存储类型及其使用什么关键字修饰声明？

58．在定义变量时，关键字 static 和关键字 extern 起什么作用？

59．选择题

（1）以下运算符中优先级最低的是________，最高的是________。

A．&&　　B．&　　C．||　　D．|

（2）若有运算符<<、sizeof、^、&=，则按优先级由高到低的顺序排列正确的是________。

A．sizeof, &=, <<, ^　　B．sizeof, <<, ^, &=

C．^, <<, sizeof, &=　　D．<<, ^, &=, sizeof

（3）以下叙述中不正确的是________。

A．表达式 a&=b 等价于 a=a&b

B．表达式 a|=b 等价于 a=a|b

C．表达式 a!=b 等价于 a=a!b

D．表达式 a^=b 等价于 a=a^b

（4）若 x=2, y=3，则 x&y 的结果是________。

A．0　　B．2　　C．3　　D．5

（5）在位运算中，运算数每左移一位，则结果相当________。

A．运算数乘以 2　　B．运算数除以 2

C．运算数除以 4　　D．运算数乘以 4

60．解释题

（1）写出以下每个代码段的输出结果，其中，i 、j 和 k 都是 unsigned int 类型的变量。

```
(a) i=8; j=9;
    printf(" %d", i >> 1 + j >> 1);
(b) i=1;
    printf ("%d", i&~i);
(c) i=2; j=1; k=0;
    printf(" %d", ~i&j^k);
(d) i=7; j=8; k=9;
    printf ("%d", i^j&k);
```

（2）编写一条语句将变量 i 的第 4 位进行转换（即 0 变为 1、1 变为 0）。

（3）函数 f 定义为

```
unsigned int f(unsigned int i , int m, int n)
{return (i >> (m+1-n) & ~(~0<<n));}
```

① ~(~0<<n)结果是什么?

② 函数 f 的作用是什么?

61．程序设计

（1）在计算机图形处理中，红、绿、蓝 3 种颜色组成显示颜色（三基色），每种颜色由 0～255 灰度表示，并且将 3 种颜色存放在一个长整型变量中，请编写名为 MK_COLOR 的宏，包含 3 个参数（红、绿、蓝的灰度），宏 MK_COLOR 需要返回一个长整型值，其中后 3 个字节分别为红、绿和蓝，且红在最后一个字节。

（2）定义字节交换函数

```
int swap_byte (unsigned short int i) ;
```

函数 swap_byte 的返回值是将 i 的两个字节调换后的结果。例如 i 的值是 0x1234（二进制形式为 00010010 00110100），swap_byte 的返回值为 0x3412（二进制形式 00110100 00010010）。程序以十六进制读入数，然后交换两个字节并显示

```
Enter a hexadecimal number: 1234
Number with byte swapped: 3412
```

提示：使用&hx 转换来读入和输出十六进制数。

另外，试将 swap_byte 函数的函数体化简为一条语句。

（3）定义函数

```
unsigned int rotate_left(unsigned int i , int n);
unsigned int rotate_right(unsigned int i , int n);
```

函数 rotate_left (i, n)的值是将 i 左移 n 位并将从左侧移出的位再移入 i 的右端。如整型占 16 位，rotate_left(0x1234, 4)将返回 0x2341。函数 rotate_right 也类似，只是将数字中的位向右循环移位。

62. C 程序处理的文件类型是哪些?

63. 高级文件系统（缓冲文件系统）与低级文件系统（非缓冲文件系统）有什么不同?

64. 将文件读/写时，为什么要关注当前访问位置?

65. 将文件类型指针有什么作用?

66. 为什么要对文件打开和关闭?

67. 将 10 个整数写入数据文件 f.dat 中，再读出 f.dat 中的数据并求其和（分别用高级文件系统和低级文件系统实现）。

68. 使用函数 scanf 从键盘输入 5 个学生的基本数据（包括学生姓名、学号、3 门课程的成绩），然后求出平均成绩。用 fprintf 函数输出所有信息到磁盘文件 stud.rec 中，再用函数 scanf 从 stud.rec 中读入这些数据并在显示屏上显示出来。

69. 将 10 名职工的基本数据（取工号、职工姓名、性别、年龄和工资）从键盘输入，然后送入磁盘文件 worker1.rec 中保存，再从磁盘调入这些数据并依次打印出来（使用 fwrite 函数）。

（1）将 worker1.rec 中的职工的基本数据按工资由高到低排序，将排好序的记录存放在 worker2.rec 中（使用 fread 函数）。

（2）在文件 worker2.rec 中插入一个新职工的数据，并使数据在插入后仍保持原来的顺序（按工资高低顺序插入到原有文件中），然后写入 worker3.rec 中。

（3）删除 worker2.rec 中某个编号的职工记录，再存入原文件中（使用 fread 和 fwrite 函数）。

第 2 章

树搜索

状态空间表示法是求解人工智能问题方法之一，其核心是状态空间问题求解转化为搜索算法。树搜索是基本搜索算法之一，具有基础性和普适性的特点，对理解其他搜索算法具有重要意义。本章采用 C 语言进行树结构的表示、存储及搜索策略的实现。

2.1 问题提出及基本概念

搜索策略（或称算法）是求解人工智能问题的基本方法之一。问题求解过程可以描述成在给定各种条件下问题初始状态逐渐向目标状态转换的过程，该过程形式化表示为三元组 $<S, F, G>$，即从初始状态 S，通过一系列操作 F，达到目标状态 G。这就是人工智能的状态空间问题求解的全过程。一系列操作 F 构成搜索策略（算法），即如何减少对计算机资源（时间、空间）的消耗，实现从初始状态 S 尽快找到或逼近目标状态 G 的过程。下面通过两个例子，加深理解状态空间问题求解，尤其是搜索策略的概念。

【例 2.1】 旅行商的最短路径求解。

已知 5 个城市 A、B、C、D、E，而且城市 A、B、C、D、E 两两直接互联（见图 2.1），城市间的具体距离已在线上标出。旅行商从城市 A 出发，必须到访所有城市，而且每个城市只能到访一次，最后回到城市 A，求解旅行商从城市 A 出发再回到城市 A 所走的最短路径。旅行商到访城市路径是城市名称的有序对，即 $a_1a_2a_3a_4a_5a_1$，其中 $a_i \in \{A, B, C, D, E\}$（$i$=1, 2, 3, 4, 5，表示到访顺序）。当 $i \neq j$ 时，$a_i \neq a_j$，而且到访顺序前后相邻两个城市 a_i 和 a_{i+1} 之间存在距离 distance(a_i, a_{i+1})（i=1, 2, 3, 4）和 distance(a_5, a_1)。城市名称有序对 $a_1a_2a_3a_4a_5a_1$ 是旅行商路径状态空间的一个状态，隐含着路径长度。对于状态 $a_1a_2a_3a_4a_5a_1$，交换其中的两个城市 a_i 和 a_j（$i \neq j$）的位置即生成新的状态（旅行商到访城市的一条新路径）。不同顺序的到访序列存在不同的路径，不同路径对应的路途长度是不同的，共有 4! 种不同的可能路径，每个状态都是旅行商路径的一个可能解，其中最短路径是可能解之一。旅行商最短路径求解就是从可能解路径中尽快找到最优路径的过程。在程序实现上，可表示为一个向量 vex（一维数组），如 vex=(A, B, C, D, E, A)，vex[0]=A，vex[1]=B，vex[2]=C，…，vex[5]=A，下标表示到访的顺序。交换向量中任意两个城市的名称，表示到访城市顺序的变化，如 vex[1] 与 vex[2]交换，得到 vex=（A, C, B, D, E, A)。这种交换城市就是改变路径状态的操作。每种状

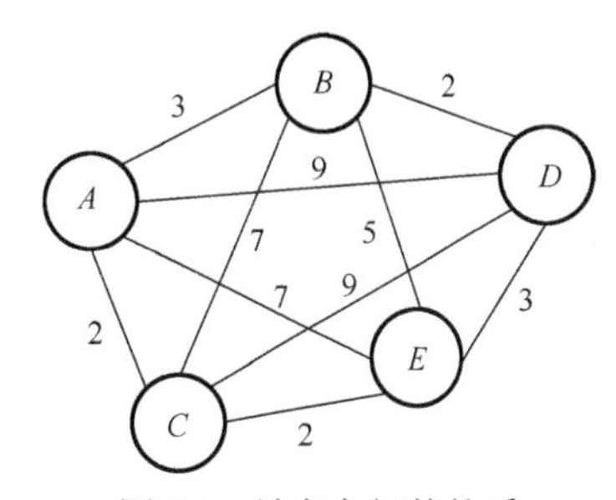

图 2.1 城市之间的关系

态都是一个可能解，需要采用搜索策略求解最优解。每种状态（向量）可理解为图 2.1 中的顶点或节点系列，状态变化前后表示状态之间的连接。旅行商路径可抽象成一个连通图。对于 5 个城市，共有 5!种路径，也就有 5! 个顶点（节点）。状态空间问题求解就可转换为图的搜索。注意：在这个例子中不要理解成在旅行商地图中搜索，而是在状态空间中搜索。状态空间中的节点是旅行商完整路径，而不是地图中的城市。

【例 2.2】 九宫格数字游戏。

九宫格内放置 1～8 个数字，保留一个空格（见图 2.2，初始状态和目标状态），只有与空格相邻的数字可以移动到空格中。九宫格中不同数字排列代表不同状态，每个九宫格对应一个状态，共有 9! 个状态，其中部分状态如图 2.3 所示。每个格均看成一个节点，数字移动前后表示状态的连接，九宫格问题可构成一个连通图。数字与空格交换就是改变九宫格状态的操作。每种状态理解为一个节点，共有 9!个节点，如何从初始状态（节点）到目标状态（节点）的过程就是一种图搜索策略，即九宫格状态空间问题求解。在程序实现上，可用二维整型数组 arr[3][3]表示，并且用数字 0 表示空格（见图 2.4）。这样九宫格的操作就变成数字 i 与数字 0 相邻的数字交换。

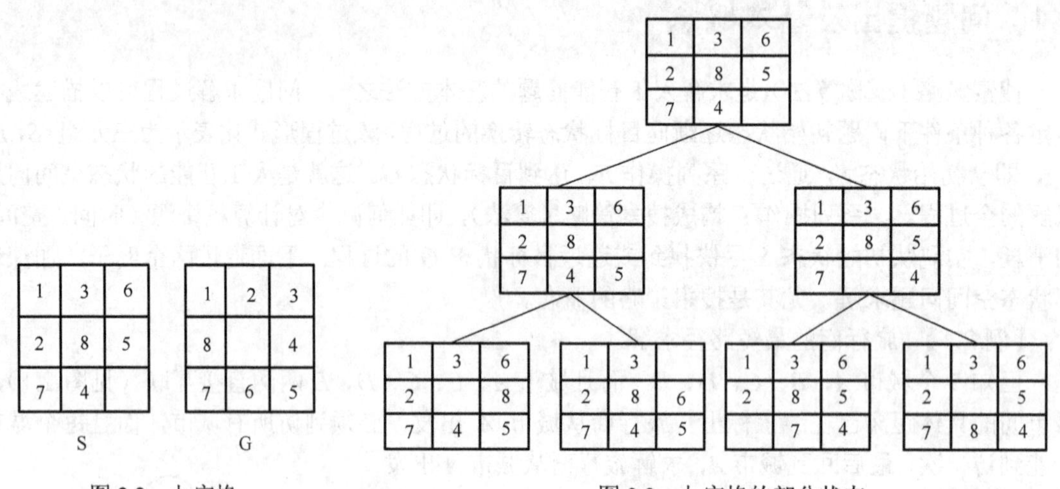

图 2.2 九宫格

图 2.3 九宫格的部分状态

把旅行商最短路径、九宫格数字排列达到目标变化过程等问题求解过程中各种状态表示为树或图的节点。状态空间问题可用树和图的搜索进行表示并求解（见图 2.5）。这与数据结构内容紧密相关。

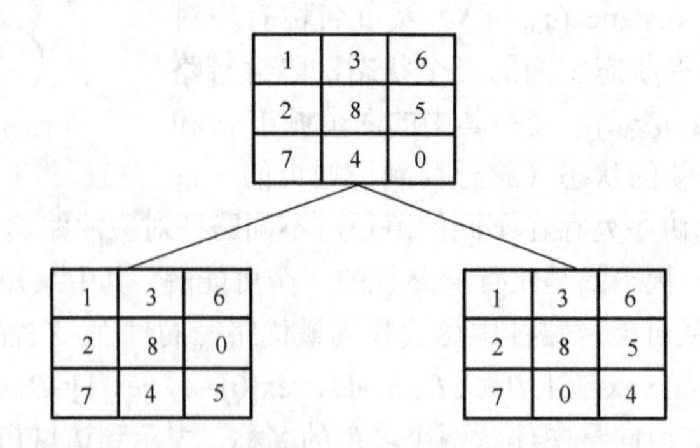

图 2.4 二维整型数组表示九宫格（0 表示空格）

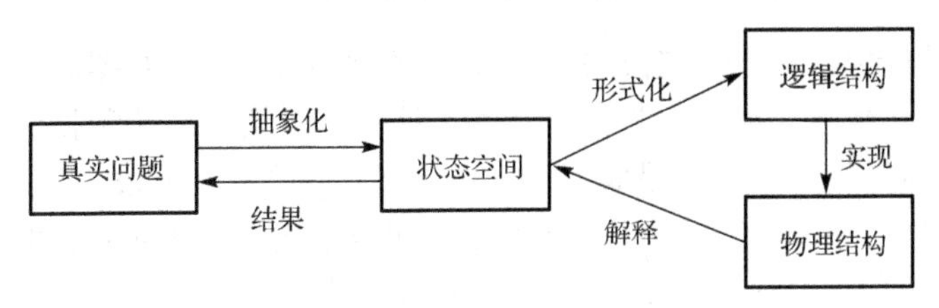

图 2.5　状态空间与数据结构

为了更好地理解相关搜索策略，先回顾有关数据结构的基本概念。数据结构内容包括数据对象、数据对象之间的关系及其操作，其中，形式化描述的为逻辑结构、具体化实现的为物理结构（存储结构）。逻辑结构包括线性结构的线性表和非线性结构的树、图；物理结构包括顺序存储结构和链式存储结构。逻辑结构与物理结构是多对多的关系，即一个逻辑结构可以采用顺序存储结构或链式存储结构，一个物理结构也可以有多种逻辑结构。数据结构的操作针对非数值计算，其操作主要包括数据结构的初始化、创建、删除、修改和查找等，具体实现与物理结构紧密相关。有关逻辑结构总结如下：

（1）数据对象。数据结构的数据对象也称为数据模式，是真实问题的抽象表示，如客观世界中的人可抽象出"姓名、性别、年龄、职业、工资"等信息，即人的数据对象可以表示为

```
人（姓名、性别、年龄、职业、工资）
```

旅行商路径可抽象出"城市 1、城市 2、城市 3、城市 4、城市 5、城市 1"信息，即旅行商的路径数据对象可以表示为

```
路径（城市 1、城市 2、城市 3、城市 4、城市 5、城市 1）
```

九宫格可抽象出的数据对象为

```
九宫格（整数 11、整数 12、整数 13、整数 21、整数 22、整数 23、整数 31、整数 32、整数 33）
```

可以看到，数据对象是客观世界具有共性的真实对象（如张三、李四等）的抽象表达（如人），也是集合、类型的概念。

（2）数据元素。数据对象是具有相同共性的数据元素的抽象表示，数据元素就是数据对象的个例（实例），如"人（姓名、性别、年龄、职业、工资）"为人的数据对象，有数据元素

```
人（小李、男、22、学生、0）
人（小张、女、28、秘书、5000）
```

又如"路径（城市 1、城市 2、城市 3、城市 4、城市 5、城市 1）" 为旅行商路径的数据对象，有数据元素

```
路径（A、B、C、D、E、A）
路径（A、C、B、D、E、A）
```

又如"九宫格（整数 11、整数 12、整数 13、整数 21、整数 22、整数 23、整数 31、整数 32、整数 33）"为九宫格的数据对象，有数据元素：

```
九宫格（1、3、6、2、8、5、7、4、0）
九宫格（1、3、6、2、8、0、7、4、5）
```

可以看到，数据对象（数据模式）对应程序语言的数据类型，而数据元素对应程序语言的数据（如变量）。

（3）数据成员与数据项。数据成员是数据对象的组成部分，如数据对象“人（姓名、性别、年龄、职业、工资）”包含“姓名、性别、年龄、职业、工资”5 个数据成员，即数据成员构成数据对象。数据项是数据元素的组成部分，如数据元素“人（小张、女、28、秘书、5000）”包含“小张、女、28、秘书、5000”5 个数据项。即数据成员是相对数据对象而言的，数据项是相对数据元素而言的，具体说，数据成员是成员的抽象表示，而数据项是成员的具体值。数据结构与结构体的对比如表 2.1 所示。

表 2.1　数据结构与结构体的对比

数据结构	结构体
数据对象	结构体类型
数据成员	结构体变量成员
数据元素	结构体变量
数据项	结构体成员变量

（4）线性表。线性表为逻辑结构，是由若干数据元素构成的集合 Nodes=$\{a_i|i=0, 1, \cdots, n\}$，其中 a_i 为数据元素，数据元素个数|Nodes|=n+1 为线性表长度。若 Nodes=Φ，即线性表长度为 0，线性表为空表。此外，线性表还要满足数据元素之间关系，即第 1 个数据元素 a_0 只有唯一一个后续数据元素，最后一个数据元素 a_n 只有唯一一个前驱数据元素，其他数据元素 a_i（i=1, …, n–1）具有唯一一个前驱数据元素和唯一一个后续数据元素。数据元素关系可表示为$<a_i, a_{i+1}>$。除数据元素集合 Nodes 外，还有数据元素关系集合 Edges=$\{<_, a_0>\}\cup\{<a_i, a_{i+1}>| i=0, 1, \cdots, n-1\}\cup\{< a_n, _>\}$，$<a_i, a_{i+1}>$也称为边。线性表可直观表示为 $a_0a_1a_2a_3\cdots a_n$，数据元素之间的关系可以由其所在位置确定。对线性表的操作主要包括创建、增加、删除、修改和查询等。

根据对线性表的操作特点有两种重要的线性表：堆栈和队列。若没有数据元素，则堆栈、队列为空栈、空队列。下面对非空堆栈和非空队列进行分析。

① 堆栈。对堆栈的操作只在栈顶进行，操作分为进栈（push）和出栈（pop）。对于堆栈 $a_1a_2a_3\cdots a_n$，a_1 为栈顶（top）。如数据元素 a_0 进栈，则堆栈为 $a_0a_1a_2a_3\cdots a_n$，栈顶为 a_0。出栈获取栈顶数据元素 a_0，则堆栈为 $a_1a_2a_3\cdots a_n$，栈顶为 a_1。堆栈操作数据元素具有“先进后出，后进先出”的特点。

② 队列。对队列的操作只在队头和队尾进行，操作分为进队列和出队列。对于队列 $a_0a_1a_2a_3\cdots a_{n-1}$，$a_0$ 为队头（front），a_{n-1} 为队尾（rear）。数据元素进队列只在队列尾部进行，如数据元素 a_n 进队列，则队列为 $a_1a_2a_3\cdots a_{n-1}a_n$，队尾为 a_n。出队列只在队头进行，出队列获取数据元素 a_0，则队列为 $a_1a_2a_3\cdots a_{n-1}a_n$，队头为 a_1。队列操作数据元素具有“先进先出，后进后出”的特点。

线性表（包括堆栈和队列）可采用顺序存储和链式存储两种存储方式。在 C 语言中，线性表的顺序存储可采用一维数组，线性表的链式存储可采用含有指针域的结构体（节点包括数据域和指针域），并通过动态内存管理 malloc 函数生成存储节点。采用数组管理线性表时，数组下标表示数据元素的相对位置，可以对线性表进行插入和删除操作，需要对数组元素进行移动来维护数据元素的线性关系（见图 2.6）。采用链式存储结构管理线性表时，链表节点数据域存储数据元素，指针域存储数据元素关系，对线性表的插入和删除操作无须进行数据元素的移动，但需要修改节点的指针域以维护数据元素的线性关系（见图 2.7）。

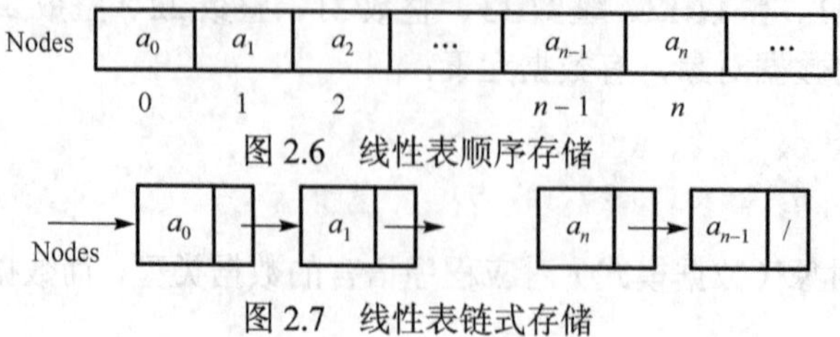

图 2.6　线性表顺序存储

图 2.7　线性表链式存储

（5）树。树是一种逻辑结构，它是由若干个数据元素构成的集合 Nodes=$\{a_i|i=0, 1, \cdots, n\}$，其中 a_i 为数据元素。若 Nodes=Φ（即|Nodes|=0），则树没有数据元素，该树为空树。此外，树还要满足数据元素之间的关系，存在一个数据元素没有前驱数据元素，但有多个后续数据元素，该数据元素称为树根节点（Root）；存在多个数据元素有唯一一个前驱数据元素，但没有后续数据元素，这些数据元素称为树叶节点（Leaf）；其他数据元素均有唯一一个前驱数据元素和多个后续数据元素，这些数据元素称为树分支节点（Branch）。树的直观表示如图 2.8 所示，树根节点 *A*，树叶节点 *B*、*E*、*F*、*G*，树分支节点 *C*、*D*。对当前节点而言（如节点 *C*），其前驱节点为双亲节点，或父节点（如节点 *A*），其后续节点为孩子节点，或子节点（如节点 *E*、*F*）；双亲节点拥有孩子节点的个数称为双亲节点的度，如节点 *C* 的度为 2；具有相同双亲的节点为兄弟节点（如节点 *E*、*F*）。分支节点也可理解为一棵树的根，该树称为子树。树中节点之间的关系为边（Edge），如$<A, B>$，$<A, C>$，$<A, D>$等，因此，树除数据元素集合（节点集）外，也需要数据元素关系集合（边集）Edges=$\{<a_i, a_j>| a_i, a_j \in \text{Nodes}\}$，其中根节点的边为$<_, a_j>$，叶节点的边为$<a_i, _>$。按照树的定义，从一个节点到同一棵子树中的下级（或上级）其他节点的节点集合为树的路径，如 *C-E* 或 *E-C* 都是在以结点 *C* 为子树根的子树中，不存在结点 *E* 和 *F* 的路径（在同一棵子树中，但没有上下级关系）。因此树中的路径唯一，而且不可能出现回路。

树可以采用顺序存储和链式存储两种存储方式。在 C 语言中，树的顺序存储可采用多行两列的二维数组，链式存储可采用含有指针域的结构体（节点包括数据域和指针域）和动态内存管理 malloc 函数相结合的形式。采用二维数组管理树时，二维数组的第 0 列表示双亲节点，第 1 列表示孩子节点，数组的每行表示一条边。树的存储与数组行下标的相对位置无关，对树进行插入、删除操作时无须移动数组的行，但需要反复遍历二维数组及其多行列数据的变更以维护树的逻辑结构（图 2.9）。采用链式管理树时，链表节点数据域存储数据元素，指针域存储数据元素关系。对于最大分支数（度）已知的情况，可以设置最大指针域数，并且每个指针域分别指向孩子节点。对于最大分支数（度）未知的情况，可以改用二叉指针域结构进行存储，即左分支指针域指向孩子节点，右分支指针域指向兄弟节点（见图 2.10）。这样，每个节点的指针域都是一样的，并且在逻辑上还维护多叉树的逻辑结构。另外，设计的两种类型的节点包括根（包括子节点）节点类型和孩子节点类型。根节点类型包括数据元素、指向其他根节点指针域和指向孩子节点指针域，而孩子节点类型包括数据元素和指向兄弟节点的指针域（详见下一节内容）。对链式存储的树进行插入和删除操作，无须进行数据元素的移动，但需要修改节点的指针域以维护数据元素的树逻辑结构（关系）。由于指针域的指向性明确，因此无须反复遍历树的每个节点。根据不同问题，树还可以设计其他的存储结构。

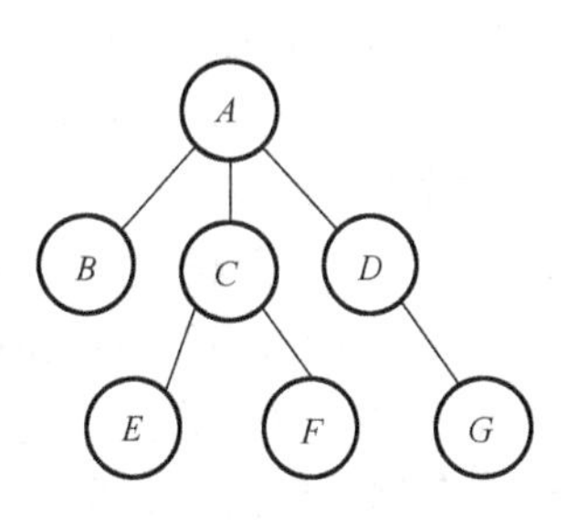

图 2.8　树

Nodes

根节点	孩子节点
A	*B*
A	*C*
A	*D*
C	*E*
C	*F*
D	*G*
…	…

图 2.9　树的顺序存储

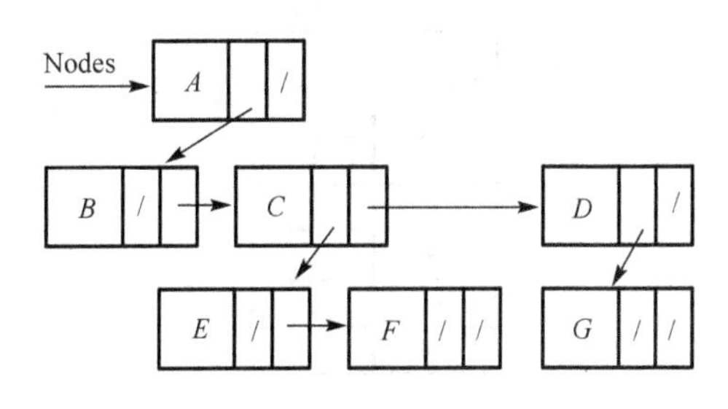

图 2.10　树存储结构

(6)图。图也是一种逻辑结构，它是由若干个数据元素构成的集合Nodes=$\{a_i|i=0, 1, \cdots, n\}$，其中$a_i$为数据元素。若Nodes=$\Phi$（即|Nodes|=0），则没有数据元素，该图为空图。任意数据元素均可以有多个前驱数据元素和多个后续数据元素，如图2.11所示，存在边<*A*, *B*>，<*A*, *E*>，<*A*, *D*>，<*B*, *A*>，<*E*, *A*>，<*D*, *A*>，数据元素称为图节点或顶点。除所有数据元素构成图的顶点集（数据元素集合）外，还有数据元素关系（边）的集合（边集）Edges=$\{<a_i, a_j>|a_i, a_j\in \text{Nodes}\}$。若两个顶点之间通过边相连，则称这两个顶点为邻居。如顶点*A*的邻居为顶点*B*、*E*、*D*，而顶点*B*的邻居为顶点*A*、*C*。顶点的所有邻居数为该顶点的度，如顶点*A*的度为3。在连通图中，从一个顶点到其他顶点的所有节点集合构成路径，如顶点*A*到顶点*C*的路径为*A-D-C*，*A-B-C*。在连通图中，路径往往不唯一。图与树不同，图中的路径可能出现回路，如顶点*A*到顶点*C*的路径为*A-D-E-A-D-E-*…，这样永远无法到达*C*。图可以进一步分为有向图和无向图。本质上，无向图是双向有向图。

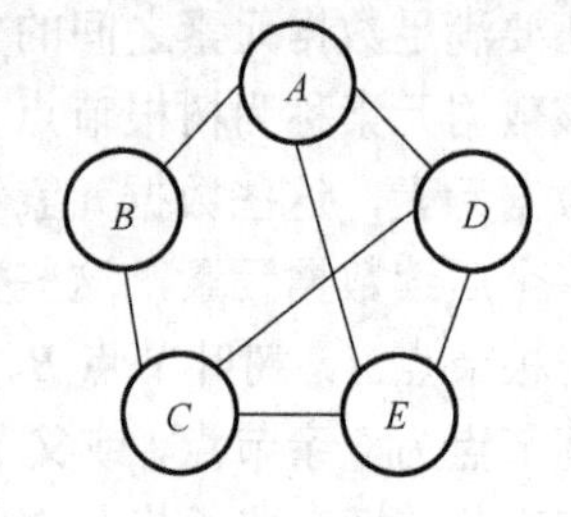

图2.11　图

图可采用顺序存储和链式存储两种存储方式。在C语言中，图的顺序存储可采用多行两列的二维数组，链式存储可采用含有指针域的结构体（顶点包括数据域和指针域）和动态内存管理malloc函数相结合的形式。采用二维数组管理图时，二维数组的第0列表示顶点，第1列表示相邻顶点，数组每行表示一条边（如图2.12所示）。也可采用$n\times n$的二维数组存储顶点，首先对所有顶点编号，即建立“编号-顶点”有序对。若顶点（编号）之间有边，则对应数组元素为1，否则数组元素为0（如图2.13所示）。图的存储与数组下标的相对位置无关，对图进行插入和删除操作时无须移动数组的行和列，但需要反复遍历二维数组及其行列数据的变更以维护图的逻辑结构（关系）。采用链式存储管理树时，链表节点数据域存储数据元素，指针域存储数据元素关系。对于最大相邻节点数（度）已知的情况，可以设置最大指针域数，并且每个指针域均指向相邻顶点。对于最大分支数（度）未知的情况，可以改用二叉指针域结构进行存储，即左分支指针域指向第一个相邻顶点，右分支指针域指向兄弟顶点。这样，在逻辑上依然维护图的逻辑结构（关系）。对链式存储的图进行插入和删除操作时，无须移动数据元素，但需要修改顶点的指针域以维护数据元素的图逻辑结构（关系）。由于指针域的指向性明确，因此无须反复遍历图的每个顶点。针对不同问题，还可以设计其他的存储结构。上述是无向图的存储，有向图的存储与无向图的存储类似，这里不再过多介绍。

实际上，有向图是无向图的特例，树是有向图的特例，线性表是树的特例。线性表、树和图均是一种逻辑结构，在实际应用中，还需要借助计算机语言对问题进行描述和实现相应的存储结构及其操作。

Nodes	顶点	相邻顶点
	A	*B*
	A	*D*
	A	*E*
	B	*A*
	B	*C*
	C	*B*
	…	…

图2.12　图的顺序存储

Nodes		*A* 0	*B* 1	*C* 2	*D* 3	*E* 4
A	0	0	1	0	1	1
B	1	1	0	1	0	0
C	2	0	1	0	1	1
D	3	1	0	1	0	1
E	4	1	0	1	1	0

图2.13　图的顺序存储

2.2 树的表示和存储

实现树的搜索策略，需要具体设计和实现树的物理存储。本节以一个具体树的物理存储为例，详细介绍基于C语言的树的物理存储及其实现。

2.2.1 树的表示

树的表示必须能够反映节点与子节点的关系。树中的节点数与分支节点的子节点数并没有固定数量，故采用固定大小的存储结构是不合适的，其有效的解决办法是采用动态内存管理方式，根据实际节点数和边数，动态生成节点和边。为了加深理解，以如图2.14为例直观介绍树的逻辑结构，其采用链式存储结构如图2.15所示。

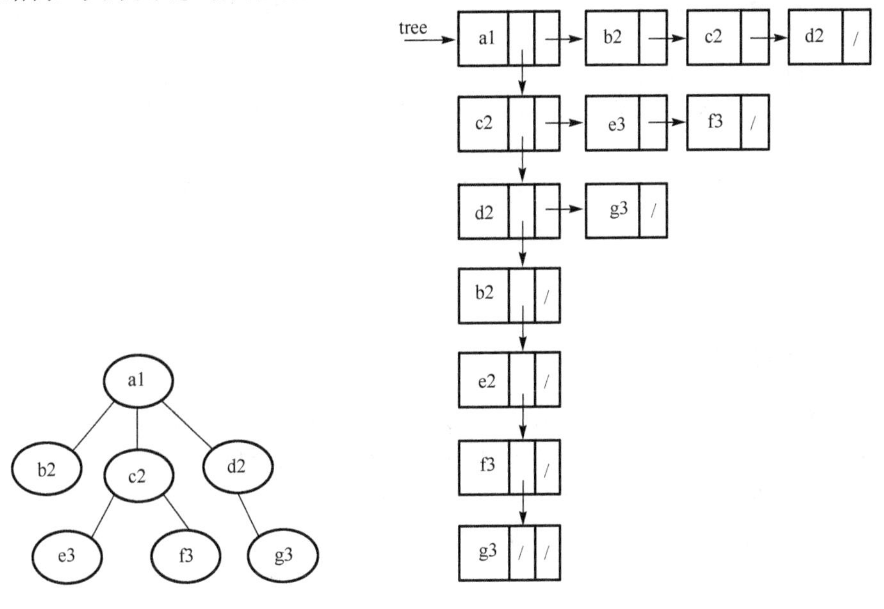

图2.14 树的逻辑结构

图2.15 树的链式存储结构

这种链式存储结构的特点包括：

（1）纵向节点链表为树分支节点（子树的树根节点），即双亲节点，其指向它第一个子节点。树叶节点也可理解为没有子树的树根节点；

（2）横向节点链表为兄弟节点；

（3）纵向树分支节点与顺序无关；

（4）横向兄弟节点与顺序无关；

（5）通过指针tree可以访问到任意节点和任意分支。

2.2.2 树存储结构设计

根据树的存储结构将存储节点分为两种：分支存储节点（子树树根存储节点，包括叶节点）和兄弟存储节点。树的链表存储结构设计如下：

```
#define NAMESIZE 20                       //字符串（节点名称）长度
typedef char NODE[NAMESIZE];              //节点名称类型NODE，存储节点名称
```

```
struct BROTHERNODE                          //兄弟节点类型，表示兄弟节点
{
    NODE node;                              //兄弟节点名称
    struct BROTHERNODE *next;               //兄弟节点链接指针，链接其他兄弟
};
typedef struct BROTHERNODE *BROTHER;        //重命名兄弟节点类型,表示若干个兄弟节点
struct PARENTNODE                       //双亲节点类型，表示子树树根节点
{
    NODE node;                          //双亲节点名称
    BROTHER children;                   //所有子节点
};
typedef struct PARENTNODE PARENT;       //重命名双亲节点类型
struct TREENODE                         //树分支节点类型
{
    PARENT node;                        //双亲节点，表示子树的树根节点
    struct TREENODE *next;              //双亲节点指针指向其他双亲节点
};
typedef struct TREENODE *TREE;          //重命名所有双亲节点类型，表示树的存储结构
```

通过 TREE 存储类型创建变量，则该变量就表示一棵树，如变量 tree 定义为

```
TREE tree;
```

2.2.3 树存储实现

在树存储实现中，经常涉及字符串处理与运算、动态内存分配与管理和文件读/写访问。以下对有关字符串函数、内存分配管理函数和文件读/写访问函数做简单回顾。

（1）int strcmp(char *s1, char *s2)　　//字符串比较函数

按字典顺序对两个字符串 s1 和 s2 进行比较。若 s1 与 s2 相同，则返回 0；若 s1 大于 s2，则返回 1；若 s1 小于 s2，则返回−1。如

```
strcmp("abc", "abc")值为 0
strcmp("ac", "abc")值为 1
strcmp("ab", "abc")值为-1。
```

（2）char *strcpy(char *s1, char *s2)　　//字符串复制函数，起到赋值作用

在 s1 字符数组空间足够大的情况下，将字符串 s2 复制到 s1 中，并返回 s1（指针）。如

```
char s1[4], s2[]="abc", *s3="abcd";
strcpy(s1, s2 );
s1 的值为"abc"。
strcpy(s1, s3 );
```

该程序出错，因为字符串的存储需要结束标志'\0'，s1 字符数组的数据单元不足而无法存放'\0'。注意：s1 不是字符串。

（3）int strlen(char *str)　　//字符串长度函数

该函数返回字符串 str 的长度，如 strlen("abc")值为 3。

（4）int sizeof(变量或数据类型)　　//数据单元大小运算符

返回变量或数据类型变量的数据单元所占内存的字节数。如 float f;，sizeof(f)或 sizeof(float)的值为 4，即数据单元大小为 4 个字节。

（5）void *malloc(unsigned int size)　　　//动态分配数据单元函数

在程序运行期间，内存中分配连续 size 个字节的数据单元，返回数据类型待定的头指针，即该指针不指向任何具体数据类型，因此在应用中需要进行数据类型的强制转换。如

```
typedef int NODE[3][4];              //定义 3×4 二维整型数组类型
NODE *p;                             //定义 3×4 二维整型数组类型的指针变量
p=(NODE *)malloc(5*sizeof(NODE));
```

这是生成具有 5 个元素的一维数组，其元素是 3×4 二维整型数组，即程序运行期间创建了一个具有 5 个元素的一维数组 p，其每个元素均为一个 3×4 的整型二维数组，即 p 是 int[5][3][4]类型的数组。

（6）FILE　«*文件指针变量名 1»└，«*文件指针变量名 2»┘ⁿ; //文件类型

文件类型 FILE 是高级文件系统的数据类型，隐含相关文件信息。程序与外存数据交互必须通过文件类型 FILE 定义变量，即文件指针变量，如 FILE *fp;。

（7）FILE *fopen(char *filename, char *mode)　　　//打开文件函数

在程序与外存文件进行数据交互前，必须先打开文件。通过打开文件，建立程序中文件指针变量与外存文件的联系、输入/输出缓冲区等。程序中只要涉及文件指针变量就可以实现变量（内存）与文件（外存）数据交互。

函数 fopen 确定数据文件以文本/二进制的读/写/追加方式打开，建立文件指针变量与外存文件的联系，以后文件的读/写和追加都可以通过文件指针完成。如

```
fp=fopen("d:\\树.txt", "r");
```

该语句以文本、读的方式打开 D 盘根目录下的“树.txt”文件。以后程序读数据文件“树.txt”中的数据只要通过文件指针变量 fp 即可，即文件指针变量 fp 与外存数据文件“树.txt”建立了关联关系，访问 fp 就可访问数据文件“树.txt”。

（8）int fclose(FILE *fp)　　　//关闭文件函数

文件使用完毕后必须关闭，以清除输入/输出缓冲区，切断文件（文件名）与文件指针的关系。

（9）int fscanf(FILE *fp, char *format, args)　　　//按格式读数据函数

format 为格式说明串，包括格式控制串（由%和格式符构成，格式符有 d, u, f, c 等）和普通字符（原样输入字符）；args 为变量或数组的地址列表；fscanf 实现从文件指针 fp 指向文件“当前访问位置”中，并且按 format 格式将数据输入到 args 指针所指向的内存单元（即变量或数组）中。若“当前访问位置”不是文件结束位置，并且读入成功，则返回已输入数据的个数；否则返回 0。若读入“当前访问位置”为文件结束位置，返回 EOF（即–1）。

（10）int feof(FILE *fp)　　　//文件结束判定函数

若在文件读/写过程中遇到文件结束符 EOF，则返回非 0；否则返回 0。

树的存储实现程序如下。

```
#include "string.h"              //包含字符串比较、复制等字符串处理函数
#include "malloc.h"              //包含动态内存分配、回收函数等内存分配管理函数
#define EqualFun strcmp          //符号常量，重命名比较大小，提高复用性
#define SetValue strcpy          //符号常量，重命名赋值，提高复用性
```

下面介绍树的有关具体存储函数及其实现。

（1）通用比较、赋值函数。

Equal 判断树的两个节点是否相同，若相同，则为 1；否则为 0。

```
int Equal(NODE n1, NODE n2, int *fun()) //fun 为比较函数，函数指针变量参数
{                                        //这是为程序复用设计的
    return (int)fun(n1, n2);             //实现 n1 和 n2 的比较，相等或不等
}
```

（2）利用节点赋值函数 Set 实现树节点的赋值。

```
void Set(NODE n1, NODE n2, void *fun()) //fun 为赋值函数，函数指针变量参数
{                                        //这是为程序复用设计的
    fun(n1, n2);                         //将 n2 的值赋给 n1
}
```

（3）兄弟节点关系的构建。AddABrother 把一个节点加入到兄弟节点群中。

```
BROTHER AddABrother(BROTHER br, NODE node) //在 br 兄弟节点群中增加一个兄弟节点 node
{
    BROTHER b, pb;                      //兄弟节点变量
    b=(BROTHER)malloc(sizeof(struct BROTHERNODE)); //动态开辟一个兄弟单元
    Set(b->node, node, SetValue);   //本例中与 strcpy(b->node, node);等价
                                    //b->next=NULL;
    if(br==NULL)                        //没有兄弟节点的情况
        br=b;                           //node 就是第一个兄弟
    else                                //有兄弟节点情况，如图 2.16 所示
    {                                   //node 就是最后一个兄弟节点
        pb=br;
        while(pb->next)pb=pb->next;
        pb->next=b;
    }
    return br;                          //返回兄弟节点
}
```

在这个程序中，br 是链式队列，AddABrother 实现兄弟节点 node 进队列过程。

（4）双亲与子节点关系的构建。Form_Pa_Ch 将兄弟节点（所有子节点）链接到双亲节点中，构成一个子树。

```
TREE Form_Pa_Ch(NODE pa, BROTHER br)
//双亲节点与兄弟节点构成子树
{
    TREE parent;
    parent=(TREE)malloc(sizeof(struct TREENODE));  //创建双亲节点，如图 2.17
    Set(parent->node.node, pa, SetValue); //与 strcpy(parent->node.node, pa);等价
    parent->node.children=br;          //兄弟节点与双亲节点构成子树
    parent->next=NULL;
    return parent;                     //返回带兄弟节点的双亲节点，即子树
}
```

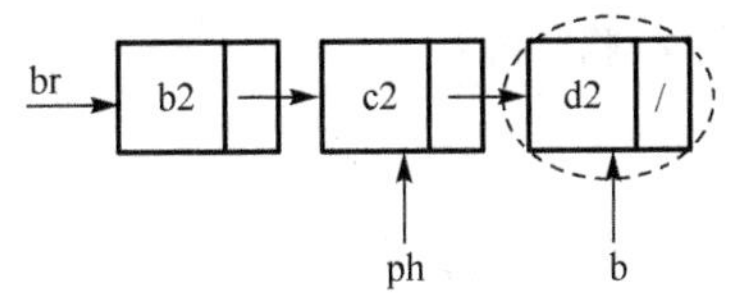

图 2.16　兄弟节点关系

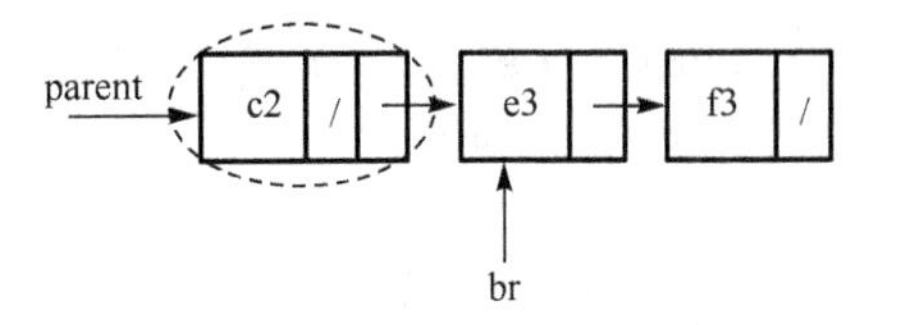

图 2.17　双亲节点与子节点的关系

（5）将带子节点的双亲节点加入到树中。AddAsubTree 将双亲节点加入到树中。

```
TREE AddAsubTree(TREE tree, TREE subtree)  //双亲节点加入到树中，如图 2.18 所示
{
    TREE t=tree;                    //临时树
    if(tree==NULL)                  //树不存在
        tree=subtree;               //带子节点的双亲节点即为树
    else                            //树存在
    {
        while(t->next) t=t->next;
        t->next=subtree;            //带子节点的双亲节点加入到树的最后
    }
    return tree;                    //返回树指针
}
```

在这个程序中，tree 是链式队列，AddAsubTree 实现子树 subtree（双亲节点）进队列过程。

（6）清除兄弟节点和树。ClearBrothers 清空兄弟节点群，回收数据单元。

```
BROTHER ClearBrothers(BROTHER br)       //回收兄弟节点空间
{
    BROTHER br1=br;                     //临时兄弟变量
    while(br)
    {
        br1=br;                         //如图 2.19
        br=br->next;
        free(br1);                      //回收单元
    }
    return br;                          //返回 NULL
}
```

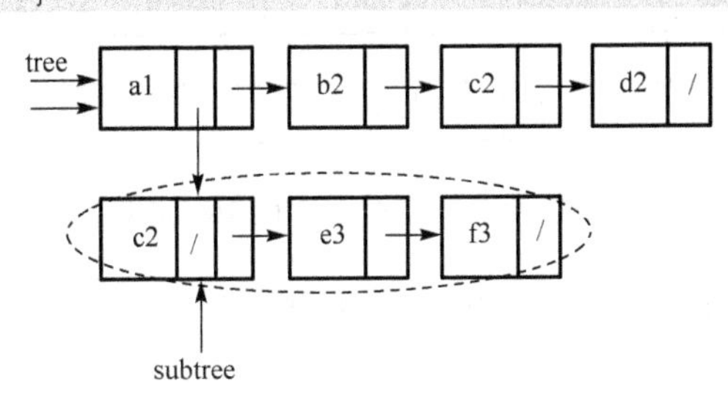

图 2.18　双亲节点加入到树中

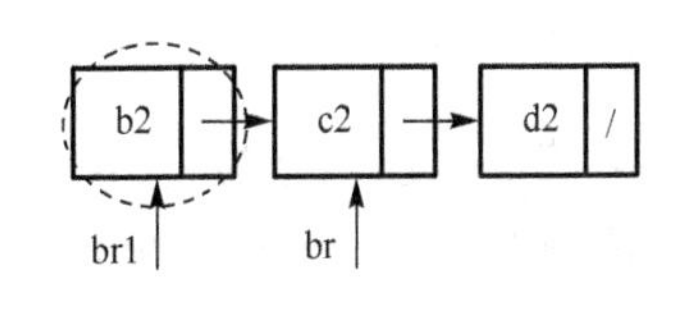

图 2.19　清除兄弟

（7）ClearTree 清空树，回收数据单元。

```
TREE ClearTree(TREE tree)                   //回收树空间
{
```

```
    TREE tree1=tree;                         //临时树
    while(tree)
    {
        tree1=tree;                          //如图 2.20 所示
        tree=tree->next;
        free(tree1);                         //回收单元
    }
    return tree;                             //返回 NULL
}
```

在程序运行结束前需要回收动态开辟的数据单元。以上两个程序实际上是出队列过程，只是没有返回值。

（8）字符数组转换。CreateSt 把字符串的字符'/'转换为转义字符'\0'（字符串结束标志），故需要在数组中存放多个节点名称（兄弟节点）的字符串。

```
void CreateStr(char *brotherset)        //字符数组转换为多个字符串
{
    char *c=brotherset;                 //临时字符串
    while(*c)
    {
        if(*c=='/') *c='\0';            //插入字符串结束标志，如图 2.21 所示
        c++;
    }
    c++;
    *c='\0';                            //多一个结束标记
}
```

这与树在文件中的存储有关。从文件中读取字符串，该字符串以字符'/'为兄弟节点名称的分隔符。

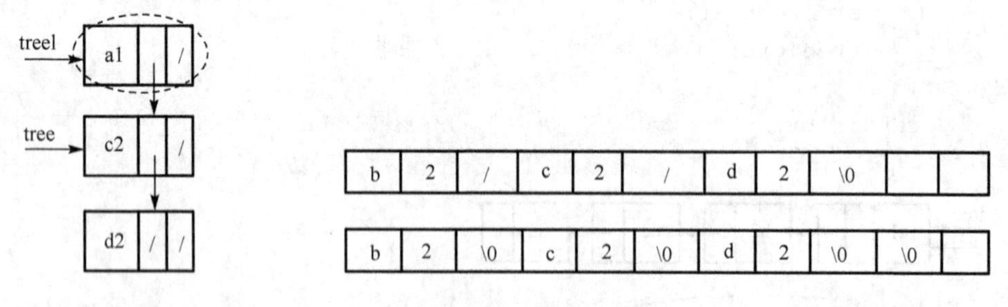

图 2.20　清除树　　　　图 2.21　字符数组转换（插入字符串结束标志）

（9）字符数组建立兄弟关系，如图 2.22 所示。CreateBrothers 把字符串中的多个兄弟节点名称建立成树的兄弟节点群（链表）。

```
BROTHER CreateBrothers(BROTHER brothers, char *brotherset)
{                                                 //若干个节点构成兄弟
    char *p=brotherset;                           //多个节点，分隔符'/'
    NODE node;
    CreateStr(brotherset);                        //变为多个字符串
```

```
    while(*p)
    {//与 strcpy(node, p); 等价，读取节点
        Set(node, p, SetValue);
        brothers=AddABrother(brothers, node);    //加入兄弟关系中
        p+=strlen(node)+1;                       //下一个节点
    }
    return brothers;                             //返回兄弟节点链表
}
```

（10）根据树文件建立树。树文件为文本文件，其记录格式为单数行为双亲节点，偶数行为子节点，用字符'/'分隔符分开，如图 2.23 所示。CreateTree 根据树文件建立树（链表）。

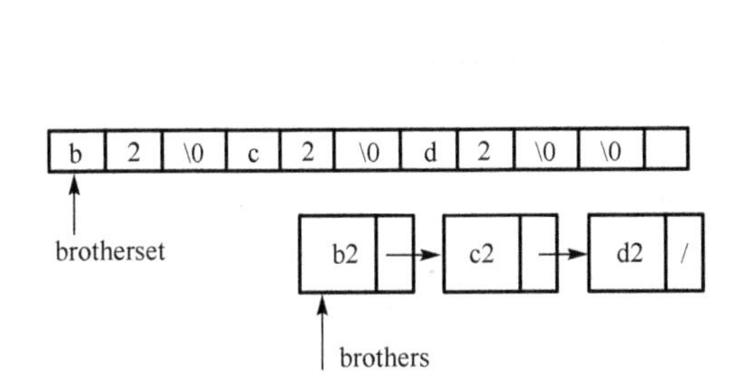

图 2.22　字符数组建立兄弟关系

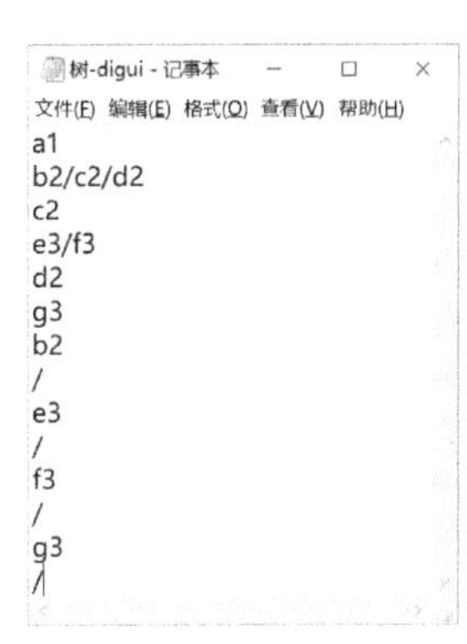

图 2.23　树文件

```
TREE CreateTree(TREE tree, char *filename) //从文件创建树
{
    TREE subtree;
    BROTHER brothers;
    FILE *fp;
    char parent[200], brotherset[5000];
    fp=fopen(filename, "r");
    while(!feof(fp))                          //文件中是否还存在树的节点名称
    {
        fscanf(fp, "%s", parent);             //读入双亲节点
        fscanf(fp, "%s", brotherset);
        brothers=NULL;                  //读入若干兄弟节点（子节点），分隔符'/'
        brothers=CreateBrothers(brothers, brotherset); //构建双亲节点
        subtree=Form_Pa_Ch(parent, brothers);          //构建子树
        tree=AddAsubTree(tree, subtree);               //树中加入子树
    }
    fclose(fp);                                        //关闭文件
    return tree;                                       //返回所建的树
}
```

通过上述所有自定义函数的有机组合，进而实现从文件中的树到内存中的树的建立。另外，内存中的树采用链式存储。

2.3 树的盲目搜索

通过树的表示、存储设计实现从树的数据文件到内存的链式存储。在此基础上，进一步实现树的搜索。

2.3.1 树搜索算法

给定初始节点 s，判断目标节点 g 是否在以节点 s 为根的树中，深度优先搜索算法如图 2.24 所示，伪代码如下。

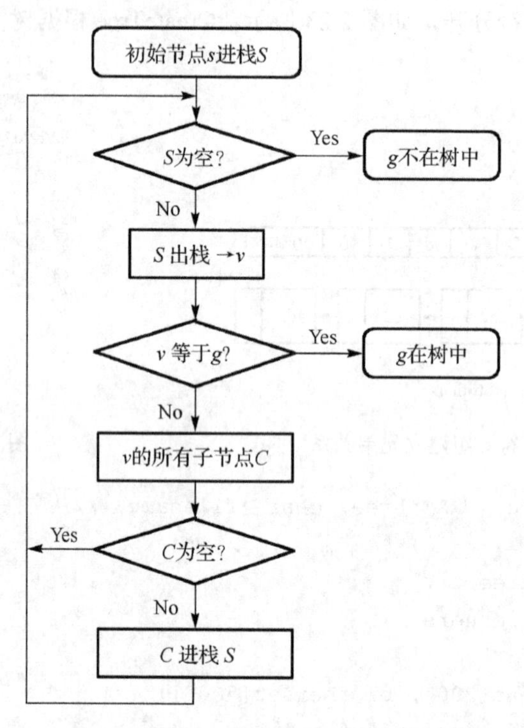

图 2.24 深度优先搜索算法

```
STATUS Search(Tree, s, g)    //输入树、初始节点和目标节点，返回真或假
Push({s}, S)                 //初始节点进栈
while(S≠ Ø)                  //堆栈不为空
    v=Pop(S)                 //出栈
    if(v=g) return TRUE      //找到目标
    C=Expand(Tree, v)        //找到 v 所有的子节点，v 也是树叶节点
    Push(C, S)               //C 为所有子节点进栈，若 C 为空就没有节点进栈
end while
return FALSE                 //没找到最优节点
end Search
```

以图 2.24 为例，Search(Tree, a1, d2)判断 d2 是否在以 a1 为根的树中，观察堆栈 S 和弹出变量 v 的变化过程（见表 2.2），其主要 3 个操作包括弹出节点判断、派生所有子节点和所有子节点进栈。注：为了介绍方便，堆栈用括号()表示，左边为栈顶。

表 2.2　深度优先搜索

次序	弹出节点	孩子节点	堆栈
0			a1
1	a1		
2		b2, c2, d2	
3			b2, c2, d2
4	b2		c2, d2
5			c2, d2
6			c2, d2
7	c2		d2
8		e3, f3	d2
9			e3, f3, d2
10	e3		f3, d2
11			f3, d2
12			f3, d2
13	f3		d2
14			d2
15			d2
16	d2		

```
① (a1)                  //a1 进栈，初始化
② a1,(b2, c2, d2)       //弹出 a1，与 d2 和 a1 不相等的所有子节点进栈
③ b2,(c2, d2)       //弹出 b2，不等于 d2 和 b2，没有子节点
④ c2,(e3, f3, d2)       //弹出 c2，与 d2 和 c2 不相等的所有子节点进栈
⑤ e3,(f3, d2)       //弹出 e3，不等于 d2 和 e3，没有子节点
⑥ f3,(d2)               //弹出 f3，不等于 d2 和 f3，没有子节点
⑦ d2,()                 //弹出 d2，等于 d2，找到目标，问题得解
```

根据整个搜索过程可知搜索路径为 a1→b2→c2→e3→f3→d2（见图 2.25）。

再举个例子，Search(Tree, a1, k)判断 k 是否在以 a1 为根的树中，观察堆栈 S 的变化过程（见表 2.3）。

```
① (a1)                  //a1 进栈
② a1,(b2, c2, d2)       //弹出 a1，与 k，a1 不相等的所有子节点进栈
③ b2,(c2, d2)       //弹出 b2，不等于 k，b2，没有子节点
④ c2,(e3, f3, d2)       //弹出 c2，与 k，c2 不相等的所有子节点进栈
⑤ e3,(f3, d2)       //弹出 e3，不等于 k，e3，没有子节点
⑥ f3,(d2)               //弹出 f3，不等于 k，f3，没有子节点
⑦ d2,(g3)               //弹出 d2，与 k，d2 不相等的所有子节点进栈
⑧ g3,()                 //弹出 g3，不等于 k，g3，没有子节点
⑨    ()                 //弹出 g3，不等于 k，g3，没有子节点
```

根据整个搜索过程可知搜索路径为 a1→b2→c2→e3→f3→d2→g3，堆栈为空，没能得到解。

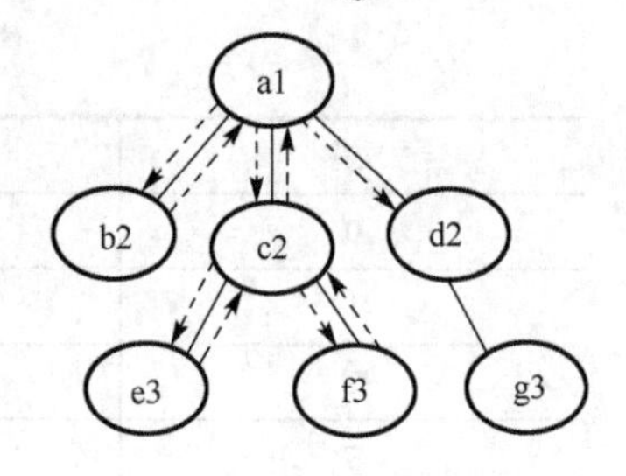

图 2.25　深度优先搜索过程

当然，跟踪堆栈 *S* 的变化可知 Search(Tree, b2, g3)也是得不到解的，该搜索算法具有以下特点：

（1）借助堆栈实现搜索，当搜索不到目标且节点又是叶节点时，回到上一级继续搜索其他节点，实现了可回溯的搜索，即只要目标在给定初始节点的子树中就能搜索到。故该搜索算法是可回溯的；

（2）在搜索过程中，若当前节点不是目标节点，则展开下一级所有节点，并选择一个节点继续搜索，实现深度优先搜索过程；

（3）整个搜索过程只利用节点间的关系并没有利用其他信息，这种搜索是盲目搜索。

总之，这种搜索算法的三个特点是可回溯、深度优先和盲目搜索。

上述搜索算法借助堆栈（先进后出、后进先出），若将堆栈改为队列 *Q*（先进先出、后进后出），则搜索算法的三个特点是可回溯、广度优先和盲目搜索。以图 2.26 为例来说明广度优先、盲目搜索算法：SearchWidth(Tree, a1, d2)，即判断 d2 是否在以 a1 为根的树中，观察队列 *Q* 和出队列变量 *v* 的变化过程。注：为了介绍方便，队列用括号()表示，左边为队列头，右边为队列尾。

表 2.3　深度优先搜索

次序	弹出节点	孩子节点	堆栈
0			a1
1	a1		
2		b2, c2, d2	
3			b2, c2, d2
4	b2		c2, d2
5			c2, d2
6			c2, d2
7	c2		d2
8		e3, f3	d2
9			e3, f3, d2
10	e3		f3, d2
11			f3, d2
12			f3, d2
13	f3		d2
14			d2
15			d2
16	d2		
17		g3	
18			g3
19	g3		
20			
21			

```
①   (a1)                  //a1 进队列
②   a1,(b2, c2, d2)       //出队列 a1，与 d2 和 a1 不相等的所有子节点进队列
③   b2,(c2, d2)           //出队列 b2，不等于 d2 和 b2，没有子节点
④   c2,(d2, e3, f3)       //出队列 c2，与 d2 和 c2 不相等的所有子节点进队列
⑤   d2,(e3, f3)           //出队列 d2，等于 d2，找到目标，问题得解
```

根据整个搜索过程可知搜索路径为 a1→b2→c2→d2（如图 2.26 所示）。可见该搜索算法若判断当前节点不是目标节点，则展开其所有下一级节点并加入队列，然后继续搜索同一层的其他节点，即这个搜索过程是按层进行的。该搜索算法具有以下特点：

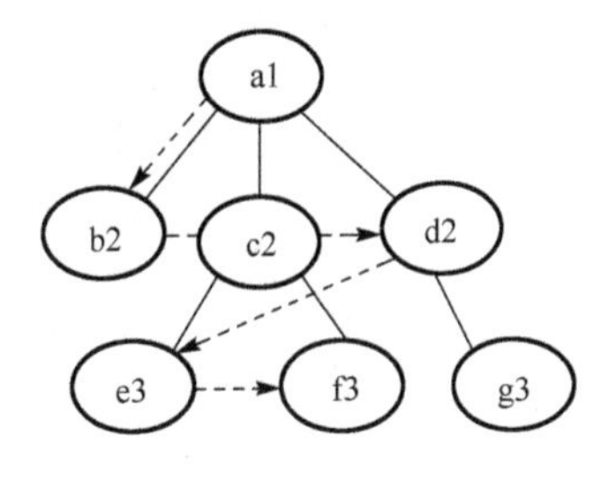

图 2.26　广度优先搜索过程

（1）借助队列实现搜索，当搜索不到目标时，继续在同一级搜索其他节点，进而实现了可回溯的搜索。只要目标在给定的初始节点的子树中就都能搜索到，即可回溯遍历搜索；

（2）在搜索过程中，若当前节点不是目标节点，则展开下一级所有节点并追加到队列中，实现广度优先搜索；

（3）整个搜索过程只利用节点间的关系并没有利用其他信息，这种搜索为盲目搜索。

由于广度优先搜索与深度优先搜索没有本质差异，因此本书主要以深度优先搜索为例。

2.3.2　树搜索实现

（1）复制子节点集。CopyBrothers 复制所有节点（链表），返回复制结果的头指针。建立链式存储队列的过程如下：

```
BROTHER CopyBrothers(BROTHER children)        //节点集复制
{
    BROTHER copynode, lastnode, head=NULL;        //没有子节点
    while(children)
    {   //分配节点单元
        copynode=(BROTHER)malloc(sizeof(struct BROTHERNODE));
        Set(copynode->node, children->node, SetValue);       //复制节点
        //与 strcpy(copynode->node, children->node);等价
        copynode->next=NULL;
        if(head==NULL)                        //第 1 个节点
            head=copynode;
        else                                  //建立链接，复制子节点集如图 2.27 所示
            lastnode->next=copynode;
        lastnode=copynode;
        children=children->next;              //下一个子节点
    }
    return head;                              //返回头节点指针
}
```

（2）扩展节点集。ExpandNodes 根据树结构从双亲节点中找到所有孩子节点（兄弟节点），并复制所有孩子节点，最后返回所有复制结果的头指针。

```
BROTHER ExpandNodes(TREE tree, NODE pa)       //由节点获取所有子节点
{
    BROTHER children=NULL;                    //孩子节点
    TREE t=tree;                              //树
    while(t)                                  //节点不为空
    {
        if(Equal(t->node.node, pa, EqualFun)==0)      //找到分支节点
      //本例等价于 if(strcmp(t->node.node, pa)==0)
        {   //复制子节点集，如图 2.28 所示
            children=CopyBrothers(t->node.children);
            break;
        }
        t=t->next;                            //下一个双亲节点
    }
    return children;
}
```

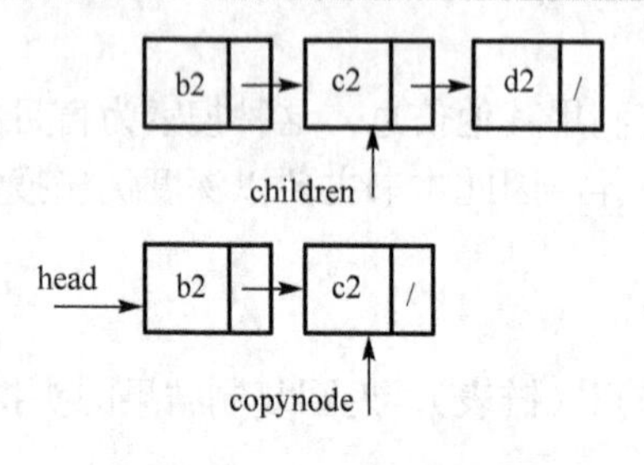

图 2.27　复制子节点集

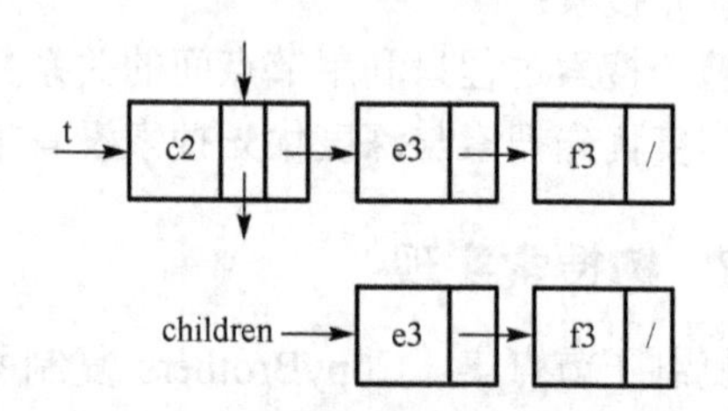

图 2.28　复制子节点集

（3）所有节点进栈。PushChildren 所有孩子节点进栈并返回堆栈指针。

```
typedef struct BROTHERNODE *STACK;          //定义堆栈类型，实际上也是节点链表
STACK PushChildren(STACK stack, BROTHER children)
{                                           //所有节点进栈
    BROTHER p, head;
    head=CopyBrothers(children);            //复制所有节点
    p=head;                                 //复制节点集并入堆栈如图 2.29 所示
    if(p!=NULL)                             //存在孩子节点
    {
        while(p->next) p=p->next;           //指向最后节点
        p->next=stack;                      //链表连接
        stack=head;
    }
    return stack;
}
```

注意：新复制的 head 也是链表，实际上程序是 head 和 stack 两个链表的连接。

（4）出栈与回收堆栈。PopAChild 从堆栈中弹出一个节点（名称）并返回堆栈指针。

```
STACK PopAChild(STACK stack, NODE child)      //出栈
{
    STACK p=stack;                            //出栈如图 2.30 所示
    if(p!=NULL)                               //堆栈不为空
```

```
    {
        Set(child, p->node, SetValue);
                        //与 strcpy(child, p->node); 等价，获取节点名称
        stack=p->next;                      //栈顶后移
        free(p);                            //回收节点单元
    }
    return stack;                           //返回堆栈头指针
}
```

ClearStack 清空堆栈并返回空指针。

```
STACK ClearStack(STACK stack)               //回收栈空间
{
    stack=ClearBrothers((BROTHER)stack);    //清除所有节点，得到空指针
    return stack;                           //返回空指针
}
```

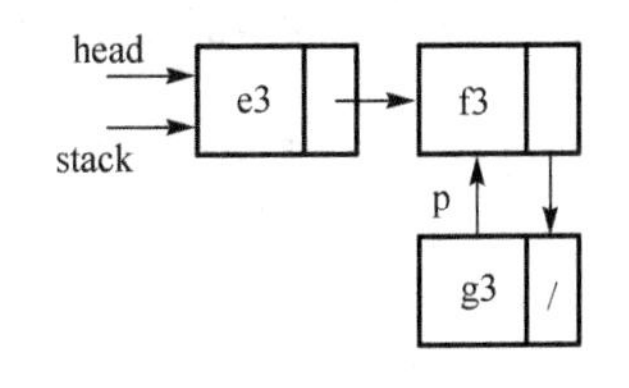

图 2.29　复制节点集并入堆栈

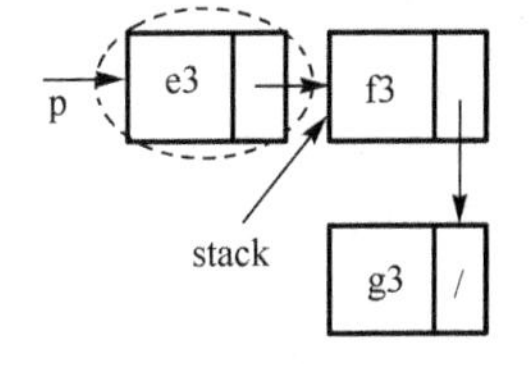

图 2.30　出栈

（5）可回溯、盲目、深度优先搜索。

```
#define TRUE 1              //定义符号常量“真”
#define FALSE 0             //定义符号常量“假”
typedef int STATUS;         //定义状态类型，表示“真”或“假”
```

Search 针对具体的树存储结构，实现可回溯、盲目、深度优先搜索。

```
STATUS Search (TREE tree, NODE start, NODE end) //判断节点是否在树中
{          //在 tree 中，判断节点 end 是否在以节点 start 为根的子树中
    TREE pnode;                         //树分支节点
    NODE node;                          //节点名称
    BROTHER children;                   //子节点集
    STACK stack;                        //堆栈
    STATUS flag=FALSE;                  //节点在子树中标识，FLASE 表示不存在，默认值
    if(tree==NULL) return flag;         //树不存在，不在子树中
    stack=(STACK)malloc(sizeof(struct BROTHERNODE)); //开辟堆栈空间
    stack->next=NULL;               //堆栈只有子树根节点 start，开始节点进栈
    Set(stack->node, start, SetValue);
                                    //与 strcpy(stack->node, start); 等价
    while(stack)                    //堆栈不为空
    {
        stack=PopAChild(stack, node);   //出栈，保留在 node 中
        if(Equal(end, node, EqualFun)==0)
                                    //if(strcmp(end, node)==0)，是否为目标节点
        {
```

```
                flag=TRUE;              //找到目标节点，修改状态标识为 TRUE
                break;                  //结束查找
            }
            children=ExpandNodes(tree, node);   //当前节点 node 的下一级所有节点
            stack=PushChildren(stack, children); //所有节点进栈
        }
        ClearStack(stack);              //回收堆栈数据空间
        return flag;                    //返回是否找到目标节点标识 FALSE 或 TRUE
    }
```

（6）应用实例。通过文本编辑器（如记事本等）建立一棵树（见图 2.31）。该树是按层次结构构建的，节点名称都是字符串。单数行为双亲节点，偶数行为所有子节点，每个子节点（兄弟节点）以字符'/'为分隔符。程序主要流程包括文件创建树、树中搜索和清空树，通过这三个主要流程完成目标节点存在性求解，具体如下：

```
    void main()                                     //判断一个节点是否在树中
    {
        NODE start, end;                            //子树根节点、目标节点
        TREE tree;                                  //链式存储结构树
        STATUS flag;                                //目标是否在子树中标识
       char *filename="E:\\我的文档\\树-digui.txt"; //树数据文件
        tree=CreateTree(tree, filename);            //创建链式存储结构树
        printf("The Start Node:");
        scanf("%s", start);                         //输入子树根节点名称
        printf("The End Node:");
        scanf("%s", end);                           //输入目标节点名称
        flag=Search(tree, start, end);      //判断节点 end 是否在以节点 start 为根的子树中
        printf("Search %s from %s, Status=%d\n", end, start, flag);
                                                    //输出是否存在的标识
        printf("==================\n");
        ClearTree(tree);                            //回收树空间
    }
```

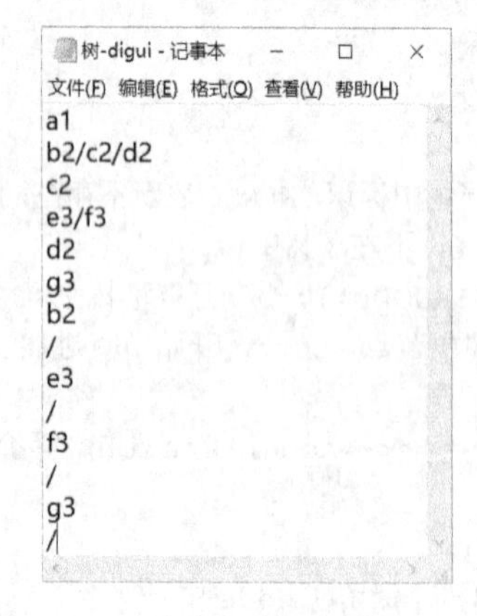

图 2.31　树文件

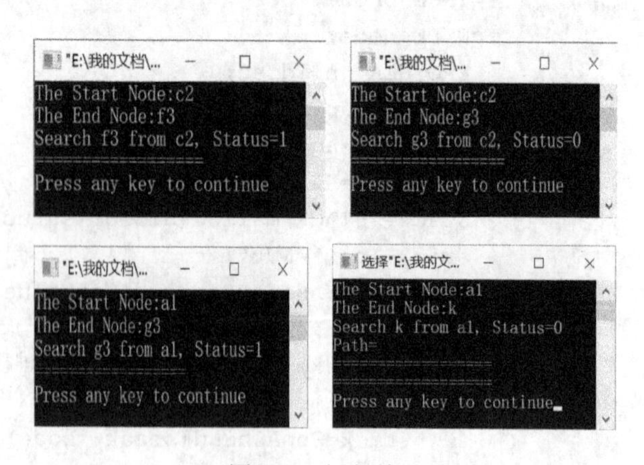

图 2.32　运行结果

运行结果如图 2.32 所示。可见节点 f3 在以节点 c2 为子树根的树中，节点 d2 在以节点 a1

为子树根的树中，而节点 g3 不在以节点 c2 为子树根的树中。若节点（如节点 k 等）不在树中，则该节点不在以树中任意节点（如节点 a1、c2 等）为子树的树中。

2.4 树的路径求解

搜索路径为在搜索过程中依次访问到（判断是否为目标）的所有节点，搜索路径不同于树中的路径（称为求解路径）。给定起点节点 start 和目标节点 end，从 start 到 end 路径指的是从 start 到 end 的树的分支中所有节点序列。以图 2.24 为例，节点 a1 到节点 g3 的路径为 a1→d2→g3；节点 b2 到节点 g3 的路径为空，即没有以节点 b2 为子树根到节点 g3 的路径（节点 g3 不在该子树中）。在上述判断节点是否在树中的搜索算法基础上，在派生当前节点的所有子节点后生成当前节点到各子节点的路径，并把堆栈中的数据元素改为路径，即进出堆栈的数据元素是路径，而不是节点，目标节点的判断为路径的新节点（见表 2.4，路径采用倒序表示）。算法 SearchPath(Tree, a1, d2)求解节点 a1 到节点 d2 的路径，观察堆栈 S 和弹出变量 v 的变化过程。注：为了介绍方便，堆栈用括号( )表示，左边为栈顶，路径用< >表示。

```
①      (<a1>)                                //节点 a1 形成路径< a1>进栈
②  a1, (<b2, a1>, <c2, a1>, <d2, a1>)  //弹出<a1>，并取节点 a1，不等于节点 d2，节点
                                          a1 所有子节点 b2、c2、d2，并形成路径进栈
③  b2, (<c2, a1>, <d2, a1>)              //弹出<b2, a1>，并取节点 b2，不等于节点 d2、
                                          b2，没有子节点
④  c2, (<e3, c2, a1>, < f3, c2, a1>, <d2, a1>)  //弹出<c2, a1>，并取节点 c2，不等
                                          于节点 d2，c2 所有子节点 e3、f3，并形成路
                                          径进栈
⑤  e3,(< f3, c2, a1>, <d2, a1>)          //弹出<e3,c2,a1>，并取节点 e3，不等于节点 d2、
                                          e3，没有子节点
⑥  f3,(<d2, a1>)     //弹出< f3, c2, a1>，并取节点 f3，不等于节点 d2、f3，没有子节点
⑦  d2, ()  //弹出<d2, a1>，并取节点 d2，等于节点 d2，找到目标，得到路径<d2, a1>（逆序）
```

整个搜索过程，搜索路径为 a1、b2、c2、e3、f3、d2。

表 2.4 深度优先搜索

次序	弹出节点	孩子节点	弹出路径	堆栈
0				<a1>
1			<a1>	
2	a1			
3		b2, c2, d2		
4			<b2, a1>, <c2, a1>, <d2, a1>	
5				<b2, a1>, <c2, a1>, <d2, a1>
6			<b2, a1>	<c2, a1>, <d2, a1>
7	b2			<c2, a1>, <d2, a1>
8				<c2, a1>, <d2, a1>
9				<c2, a1>, <d2, a1>
10				<c2, a1>, <d2, a1>
11			<c2, a1>	<d2, a1>
12	c2			<d2, a1>

续表

次序	弹出节点	孩子节点	弹出路径	堆栈
13		e3, f3		<d2, a1>
14			<e3, c2, a1>, <f3, c2, a1>	<d2, a1>
15				<e3, c2, a1>, <f3, c2, a1>, <d2, a1>
16			<e3, c2, a1>	<f3, c2, a1>, <d2, a1>
17	e3			<f3, c2, a1>, <d2, a1>
18				<f3, c2, a1>, <d2, a1>
19				<f3, c2, a1>, <d2, a1>
20				<f3, c2, a1>, <d2, a1>
21			<f3, c2, a1>	<d2, a1>
22	f3			<d2, a1>
23				<d2, a1>
24				<d2, a1>
25				<d2, a1>
26			<d2, a1>	
27	d2			

（1）路径与堆栈设计。路径也采用链式存储，其与兄弟节点的性质一样。

```
typedef struct BROTHERNODE *PATH;          //路径，与兄弟节点形式相同
                         //对多个路径也采用链式存储，其存储结构描述如下（见图 2.33）
struct PATHS                               //路径集合合
{
    PATH path;
    struct PATHS *next;
};
```

堆栈是多条路径，采用链式存储，如

```
typedef struct PATHS *STACK;               //路径栈
```

（2）节点加入路径。AddANodeToPath 在路径中加入一个节点形成新的路径。

```
PATH AddANodeToPath(NODE node, PATH path)   //节点加入路径中
{
    PATH p;
    p=(BROTHER)malloc(sizeof(struct BROTHERNODE)); //开辟节点空间
    Set(p->node, node, SetValue);    //与strcpy(p->node, node); 等价，赋值
    if(path==NULL)                   //路径上第 1 个节点
        p->next=NULL;
    else
        p->next=path;                //加入到路径头部，如图 2.34 所示
    path=p;                          //路径倒序加入
    return path;                     //返回路径头部
}
```

（3）复制路径与路径集合。CopyPath 复制一条路径，返回新路径。由于路径存储形式与兄弟节点存储形式相同，因此采用复制兄弟节点的函数，即函数复用。

```
PATH CopyPath(PATH path)                          //复制路径
{
    PATH tempath;
    tempath=(PATH)CopyBrothers((BROTHER)path);    //路径与兄弟节点集合相同
    return tempath;
}
CopyPaths 复制路径集合，返回路径集合的指针。
struct PATHS *CopyPaths(struct PATHS *paths)      //复制路径集合
{
    struct PATHS *copynode, *lastnode, *head=NULL;
    while(paths)                                  //路径集合不为空
    {
        copynode=(struct PATHS*) malloc(sizeof(struct PATHS)); //路径节点
        copynode->path=CopyPath(paths->path);     //复制一条路径
        copynode->next=NULL;                      //复制路径
        if(head==NULL)                            //第 1 条路径
            head=copynode;
        else                                      //其他路径
            lastnode->next=copynode;
        lastnode=copynode;                        //加入路径集合
        paths=paths->next;
    }
    return head;
}
```

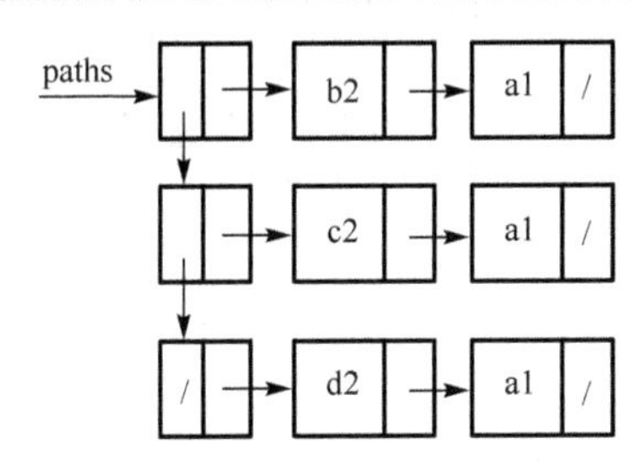

图 2.33　路径集合的链式存储

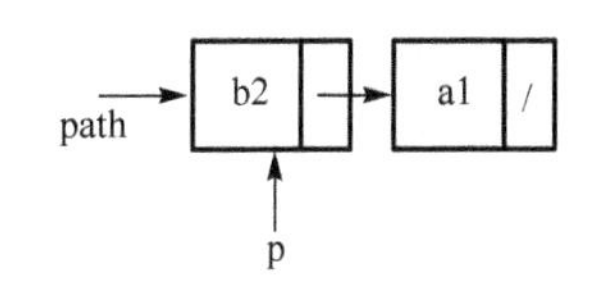

图 2.34　节点加入路径

（4）路径倒序与显示。RevPath 路径倒序，即按从树根到目标节点的顺序。

```
void RevPath(PATH path)                       //路径倒序
{
    int num=0, i;
    NODE *nodes;
    PATH p=path;
    while(p)                                  //统计路径节点的个数
    {
        p=p->next; num++;
```

```
    }
    nodes=(NODE *)malloc(num*sizeof(NODE)); //开辟一维数组
    for(i=0, p=path;p;p=p->next, i++)        //读取路径节点置于数组中
        Set(nodes[i], p->node, SetValue);    //与strcpy(nodes[i],
                                               p->node);等价
    for(i=num-1, p=path;p;p=p->next, i--)   //数组数据倒序置于路径中
       Set(p->node, nodes[i], SetValue);     //与strcpy(p->node,
                                               nodes[i]);等价
    free(nodes);                              //回收数组空间
}
priPath显示路径，复用了显示兄弟函数。
void priPath(PATH path)                       //显示路径
{
    priBrothers((BROTHER)path);               //路径与兄弟节点集合形式相同
}
```

（5）路径加入路径集合。AddAPathToPaths 把一条路径加入到路径集合中。原理上是在队列中加入数据元素并进行操作。

```
struct PATHS* AddAPathToPaths(PATH path, struct PATHS* paths)
{                                                  //路径加入路径集合
    PATH copypath;
    struct PATHS *ps=NULL, *p;
    if(path==NULL) return paths;               //没有路径
    copypath=CopyPath(path);                   //复制路径
    ps=(struct PATHS *)malloc(sizeof(struct PATHS)); //开辟路径集合节点
    ps->path=copypath;                         //复制的路径置入
    ps->next=NULL;
    if(paths==NULL)                            //路径集合为空
        paths=ps;
    else                                       //新路径节点放置最后
    {
        p=paths;
        while(p->next)p=p->next;
        p->next=ps;
    }
    return paths;
}
```

（6）节点集合与路径形成路径集合。FormPathsFromNodes 将每个节点均加入到路径中，形成一条路径，最终形成多条路径。

```
struct PATHS* FormPathsFromNodes(BROTHER brothers,
PATH path, struct PATHS* paths )
{                                              //每个节点均加入到路径中，形成路径集合
    PATH tempath;
    while(brothers)                            //存在节点
    {
        tempath=CopyPath(path);                //复制路径
```

```
        tempath=AddANodeToPath(brothers->node, tempath); //节点加入路径
        paths=AddAPathToPaths(tempath, paths);      //新路径加入路径集合
        brothers=brothers->next;                    //下一个节点
    }
    return paths;                                   //返回路径集合
}
```

（7）回收路径和路径集合空间。ClearPath 回收路径的数据空间，复用了回收兄弟节点的数据空间函数。

```
PATH ClearPath(PATH path)                          //回收路径空间
{
    path=(PATH)ClearBrothers((BROTHER)path);       //路径与兄弟节点集合形式相同
    return path;
}
ClearPaths 回收路径集合的数据空间。
struct PATHS* ClearPaths(struct PATHS* paths)      //回收路径空间
{
    struct PATHS *paths1=paths;
    while(paths)                                   //所有路径
    {
        paths1=paths;
        ClearPath(paths1->path);                   //回收一条路径空间
        paths=paths->next;                         //下一条路径
        free(paths1);
    }
    return paths;
}
```

（8）路径进栈与所有路径进栈。PushAPath 把一条路径压入堆栈，返回堆栈头指针。

```
STACK PushAPath(STACK stack, PATH path)                //一条路径进栈
{
    PATH tempath;
    STACK st;
    tempath=CopyPath(path);                            //复制路径
    st=(struct PATHS*)malloc(sizeof(struct PATHS)); //路径节点
    st->path=tempath;                                  //置路径于栈中
    if(stack==NULL)                                    //第 1 条路径
        st->next=NULL;
    else                                               //已有路径
        st->next=stack;
    stack=st;
    return stack;
}
```

PushPaths 把路径集合压入堆栈中，返回路径集合的头指针。

```
STACK PushPaths(STACK stack, struct PATHS *paths)
{                                                 //所有路径进栈
    struct PATHS *p, *head;
```

```
    head=CopyPaths(paths);                  //复制路径集合
    p=head;
    if(p!=NULL)                             //逐一加入栈中
    {
        while(p->next) p=p->next;
        p->next=stack;
        stack=head;
    }
    return stack;
}
```

(9) 出栈与节点。PopANode 从堆栈中弹出获取路径和路径的节点名称，返回堆栈头指针。

```
STACK PopANode(STACK stack, NODE node, PATH *path)
{                                                   //出栈，并获取节点和路径
    STACK p=stack;
    PATH tempath;
    if(p!=NULL)
    {
        tempath=p->path;                            //一条路径
        Set(node, tempath->node, SetValue);         //获取节点
        //与 strcpy(node, tempath->node);等价
        *path=CopyPath(tempath);                    //获取路径
        stack=p->next;                              //栈顶变化
        free(p);                                    //删除路径
    }
    return stack;                                   //返回栈顶
}
```

(10) 回收堆栈。ClearStack 回收堆栈数据空间，复用了路径集合回收函数。

```
STACK ClearStack(STACK stack)                       //回收栈空间
{
   stack=ClearPaths((struct PATHS *)stack);         //堆栈与路径集合的形式相同
    return stack;
}
```

(11) 路径求解。SearchPath 给定树、开始节点和目标节点，求解从开始节点到目标节点的路径。

```
STATUS SearchPath(TREE tree, NODE start, NODE end, PATH *path)
{                                           //判断节点是否在树中，并求取路径
    NODE node;                              //树节点名称
    BROTHER children;                       //树孩子节点
    STACK stack=NULL;                       //堆栈
    STATUS flag=FALSE;                      //堆栈是否为空的标识
    PATH tempath=NULL;                      //临时路径
    struct PATHS *paths=NULL;               //路径集合
    if(tree==NULL) return flag;             //树不存储
```

```
    tempath=AddANodeToPath(start, tempath);          //形成路径
    stack=PushAPath(stack, tempath);                 //路径进栈
    while(stack)                                     //堆栈不为空继续搜索
    {
        stack=PopANode(stack, node, &tempath);       //出栈，获取树节点和路径
        if(Equal(end, node, EqualFun)==0)            //是否为所求目标节点
        //本例等同于if(strcmp(end, node)==0)
        {
            flag=TRUE;                               //修正标识
            *path=CopyPath(tempath);                 //获取路径
            break;
        }
        children=ExpandNodes(tree, node);            //获取下一级所有节点
        paths=FormPathsFromNodes(children, tempath, paths);//形成路径集合
        stack=PushPaths(stack, paths);               //所有路径进栈
        paths=ClearPaths(paths);                     //清除所有路径
    }
    ClearStack(stack);                               //清除堆栈
    return flag;                                     //获得路径标识
}
```

（12）应用实例。通过文本编辑器（如记事本等）建立一棵树（见图2.31），该树是按层次结构构建的，节点名称都是字符串。单数行为双亲节点，偶数行为所有子节点，每个子节点（兄弟节点）以字符'/'为分隔符。程序流程主要包括从文件创建树、树中搜索求解路径和清空树，实现过程如下：

```
void main()                                          //测试求解路径
{
    TREE tree=NULL;                                  //链式存储结构树
    STACK stack=NULL;                                //路径堆栈
    NODE start, end;                                 //树开始节点名称和目标节点名称
    PATH path=NULL;                                  //求得的路径
    STATUS flag;                                     //是否求得路径的标识
    char *filename="D:\\树.txt";                     //树数据文件
    tree=CreateTree(tree, filename);                 //创建链式存储结构树
    printf("The Start Node:");
    scanf("%s", start);                              //输入子树根节点名
    printf("The End Node:");
    scanf("%s", end);                                //输入目标节点名称
    flag=SearchPath(tree, start, end, &path); //节点start到节点end的路径
    printf("Search %s from %s, Status=%d\n", end, start, flag);
    printf("Path=");
    RevPath(path);                                   //路径倒序
    priPath(path);                                   //显示路径
    printf("=================\n");
    ClearPath(path);
    ClearTree(tree);                                 //清空树数据空间
}
```

运行结果如图2.35所示。可见节点g3在以节点a1为子树根的树中，并且有路径a1→d2→g3；节点f3在以节点c2为子树根的树中，并且有路径c2→g3，而节点g3不在以节点c2为

子树根的树中，并且路径为空（没有路径）。若节点（如节点 k 等）不在树中，则该节点不在以任意树中的节点（如节点 a1、c2 等）为子树的树中，也就没有路径。

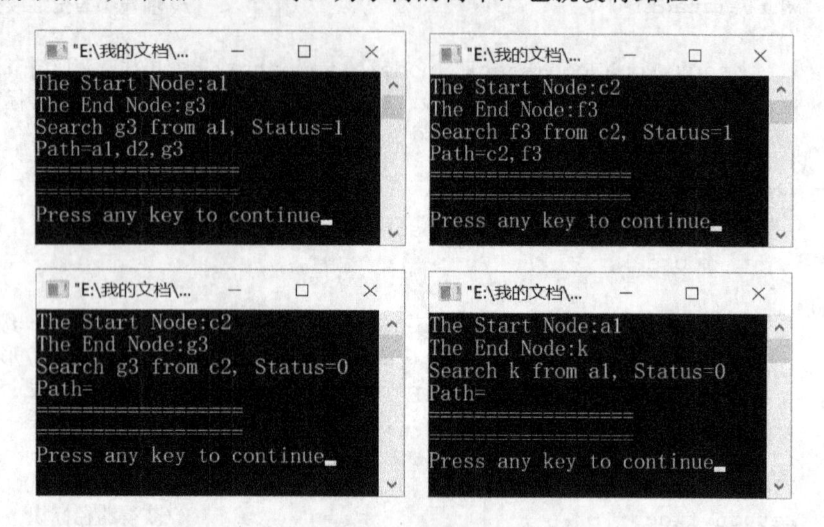

图 2.35　运行结果

2.5　基于递归的树搜索

2.5.1　递推与递归

递推与递归是两种不同的问题求解方法，这两种方法都含有相同反复求解过程。

（1）递推过程。递推主要采用逐步逼近问题目标的思路，也就是已知问题的变化规律通过变化规律重复问题求解过程（只是参数不一样），逐渐逼近问题目标，直至问题得解，在程序中主要体现在循环程序上。

【例 2.1】 已知 Fibonacci 数列：1，1，2，3，5，8，…，其数列关系式为

$$F(n)=\begin{cases}1, & n=1或n=2\\ F(n-1)+F(n-2), & n\geqslant 3\end{cases}$$

其中，n 为项的序号。求 Fibonacci 数列的第 n 项。

从关系式可看出，除第 1 项和第 2 项的数值为 1 外，其他项均为前两项之和。设前两项分别是 f1 和 f2，当前项为 f，则有 f=f1+f2。得到当前项 f 后，为求解下一项做准备，需要操作 f1=f2 和 f2=f，也就是位置（序号）前移，整个过程如表 2.5 所示。程序如下：

表 2.5　Fibonacci 数列的求解过程

n	1	2	3	4	5	6	…
$F(n)$	1	1	2	3	5	8	…
第 1 次循环，求 fib(3)	f1	f2	f				…
第 2 次循环，求 fib(4)		f1	f2	f			…
第 3 次循环，求 fib(5)			f1	f2	f		…
第 4 次循环，求 fib(6)				f1	f2	f	…
…							

```
#include<stdio.h>
int fib(int n)                  //Fibonacci 函数，n 为第 n 项，返回第 n 项的值
{
    int f1=1, f2=1, f=1, i; //前两项、当前项及其默认值
    for(i=3;i<=n;i++)           //第 3 项开始递推到第 n 项
    {
        f=f1+f2;                //当前项
        f1=f2;                  //隐含序号前移
        f2=f;
    }
    return f;                   //返回第 n 项的函数值
}
void main()
{
    int f , n;                      //定义变量
    scanf( “%d” , &n);
    f=fib(n);                       //数值求解
      printf("fib(%d)=%d\n", n, f);
}
```

运行结果：

```
2（回车）
fib(2)=1
4（回车）
fib(4)=5
```

【例 2.2】 已知数列$\frac{1}{2}$，$\frac{2}{3}$，$\frac{3}{5}$，$\frac{5}{8}$…，求第 n 项（n 是大于 1 的整数）。

第 1 项分子为 1，分母为 2，其他项的分子为前一项的分母，分母是前一项的分子与分母之和。其数列关系式为

$$\text{numerator}(n)=\begin{cases}1, & n=1\\ \text{denominator}(n-1), & n\geqslant 2\end{cases}$$

$$\text{deniminator}(n)=\begin{cases}2, & n=1\\ \text{denominator}(n-1)+\text{numerator}(n-1), & n\geqslant 2\end{cases}$$

程序如下：

```
#include <stdio.h>
struct Fract{int numerator, denominater;}; //分数类型
struct Fract fraction(int n)                //第 n 项分数函数
{
    struct Fract f1={1, 2}, f=f1;           //定义分数变量及其第 1 项为默认值
    int i;
    for(i=2;i<=n;i++)                       //第 2 项开始递推直至第 n 项
    {
        f.numerator=f1.denominater;         //当前项分子
        f.denominater=f1.numerator+f1.denominater; //当前项分母
```

```
            f1=f;                                   //隐含序号前移
        }
        return f;                                   //分数
    }
    void main()
    {
        struct Fract f;                             //分数变量定义
        int n;                                      //第n项
        scanf("%d", &n);
        f=fraction(n);                              //第n项的分数
        printf("fraction(%d)=%d/%d.\n", n, f.numerator, f.denominater);
                                                    //输出分数
    }
```

运行结果：

```
2（回车）
fib(2)=2/3
4（回车）
fib(4)=5/8
```

【例 2.3】 已知方程 $2x^2-19x+24=0$ 的两个根分别在[1, 2]和[7, 9]区间内，用二分法求方程的根。

方程 $f(x)=0$ 的根 x_0 是曲线 $y=f(x)$ 与 x 轴相交时的 x 值。在根 x_0 的附近区间$[a, b]$中，$f(a)$与 $f(b)$一定是异号（即 $f(a)f(b)<0$）。求中点 $x_1=\dfrac{a+b}{2}$，判断 $f(x_1)$是否足够接近 0（即$|f(x_1)|$是否足够小）。若 $f(x_1)$足够接近 0，则用 x_1 近似 x_0；若 $f(x_1)$不足够接近于 0，则缩小 x_0 所在区间，并且 $f(a)$与 $f(x_1)$同号，则新区间为$[x_1, b]$；若 $f(b)$与 $f(x_1)$同号，则新区间为$[a, x_1]$。利用新区间再计算中点，可得 x_2，依此类推，可得 x_1，x_2，…，直到有一个值 x_n，使得 $f(x_n)$足够接近于 0，则用 x_n 近似 x_0（见图 2.36）。程序如下：

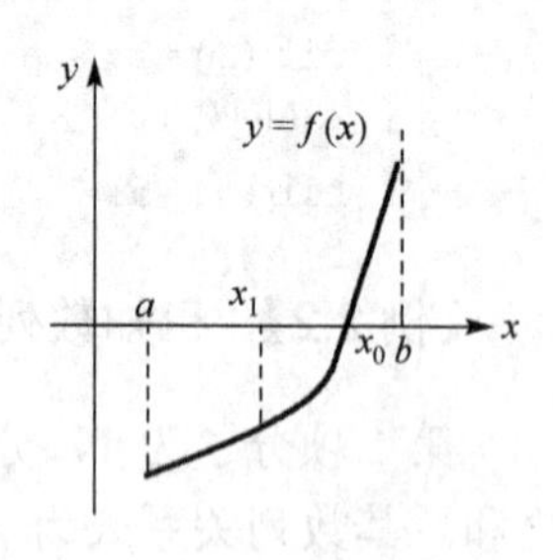

图 2.36 求方程的过程

```
    #include "stdio.h"
    #include "math.h"
    float fun(float x)                      //曲线方程函数fun
    {
        float y;
        y=2*x*x-19*x+24;                    //f(x)= 2*x*x-19*x+24
        return(y);
    }
    float root(float a, float b)            //求方程的根
    {
        float y, x;
        while(1)                            //反复递推求解
        {
            x=(a+b)/2;                      //计算中点
            y=fun(x);                       //中点函数值
```

```
        if(fabs(y)<1e-6) break;          //函数值足够小
        else if(y*fun(a)>0) a=x;         //改变区间边界，得到区间
        else b=x;
    }
    return x;                            //得到方程根
}
void main()
{
    float a, b, ya, yb, x0;
    do
    {
        printf("a=");                    //输入区间端点
        scanf("%f", &a);
        printf("b=");
        scanf("%f", &b);
        ya=fun(a);
        yb=fun(b);
    }while(ya*yb)>0));                   //包含根的有效区间
    x0=root(a, b);                       //求得方程根
    printf("equation root is %f.\n", x0);
}
```

运行结果：

```
a=0.2（回车）
b=5.6（回车）
equation root is 1.500000.
a=3.2（回车）
b=92.4（回车）
equation root is 8.000000.
```

（2）递归过程。递归主要采用问题分解的思路，也就是已知问题的变化规律，通过把大问题分解为小问题，并且小问题求解方法与大问题求解方法相同，重复问题分解过程（只是参数不一样），逐渐接近最简单的已知问题的解（逐步深入过程），然后再由小问题的解重构大问题的解（逐步返回），在程序中主要体现在递归程序（函数定义中出现对自身函数的调用）上。以上述例 2.1～例 2.3 为例，对比递推与递归的差异以及两种算法的特点。

【例 2.4】 Fibonacci 数列 1, 1, 2, 3, 5, 8, …，其数列关系式为

$$F(n)=\begin{cases}1, & n=1\text{或}n=2\\ F(n-1)+F(n-2), & n\geqslant 3\end{cases}$$

求 Fibonacci 数列的第 n 项。

从关系式可以看出，除第 1 和第 2 项的数值为 1 外，其他项的为前两项之和。程序如下：

```
int fib(int n)                           //返回第 n 项的值
{
    int f=1;                             //前两项及其默认值
    if(n>=3) f=fib(n-1)+fib(n-2);        //当前项是前两项之和
```

```
        return f;                              //返回第n项的函数值
    }
```

等价于

```
    int fib(int n)                             //返回第n项的值
    {
        return n<=2?1:fib(n-1)+fib(n-2);
    }
```

在程序中，在fib函数定义过程中出现对fib函数的自身调用，这是递归程序。在函数定义中求解第n项的值，但在函数中，转换为求解第n–1和第n–2 项的值。这样大问题就分解为小问题，依此类推，直至最简单的问题，即前两项的值分别为 1。以 fib(5)为例，观察问题求解过程（见图 2.37），即每个圆圈均表示一次函数调用，圆圈内的数字表示调用的参数（问题规模）。每次调用（参数n）都分解为较小的两个调用（参数分别为n–1 和n–2），直到最简单的问题（参数为 1 或 2），这是逐层深入的求解过程。在得到最简单问题解后需要逐层返回，并重构复杂问题的解。这种递归“逐层深入”“逐层返回”，并重构问题解的过程，其实现主要借助于数据结构的堆栈。每深入一层（函数调用），通过堆栈记录尚未实现的计算（如+），直至最底层，逐层返回时，在堆栈弹出上一层的计算，直至堆栈为空即得到问题的最终结果。

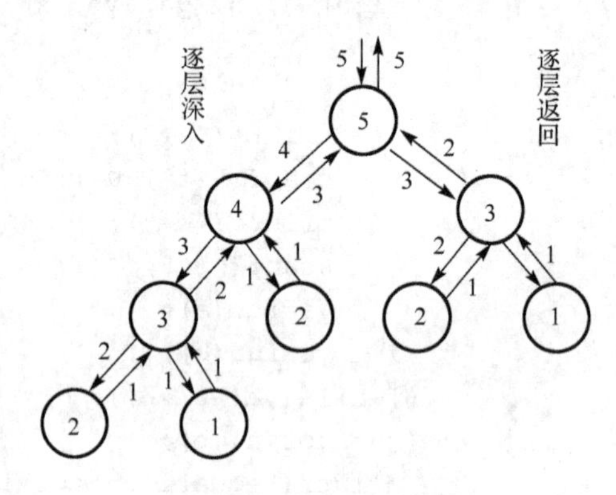

图 2.37　递归过程

【例 2.5】 已知数列$\frac{1}{2}$，$\frac{2}{3}$，$\frac{3}{5}$，$\frac{5}{8}$…，求第n项（n是大于 1 的整数），其数列关系式为：

$$\text{numerator}(n)=\begin{cases}1, & n=1\\ \text{denominator}(n-1), & n\geqslant 2\end{cases}$$

$$\text{deniminator}(n)=\begin{cases}2, & n=1\\ \text{denominator}(n-1)+\text{numerator}(n-1), & n\geqslant 2\end{cases}$$

可以看出，除第 1 项的数值为 1/2 外，其他项与它的前 1 项有关。程序如下：

```
    struct Fract fraction(int n)                    //第n项分数函数
    {
        struct Fract f1={1, 2}, f=f1;               //定义分数变量及其第1项为默认值
        if(n>=2)                                    //从第2项开始递推直至第n项
        {
            f1= fraction(n-1);                      //前1项分数
            f.numerator=f1.denominater;             //当前项分子、分母
            f.denominater=f1.numerator+f1.denominater;
        }
        return f;                                   //当前项分数
    }
```

为了求第 n 项（函数定义），需要先求第 n–1 项（函数调用），而要求第 n–1 项（函数调用）必须先求第 n–2 项（函数调用），直到求解第 1 项为 1/2，这就是“逐层深入”的过程。在得到第 1 项后，可得第 2 项，而得到第 2 项后，可得到第 3 项，依此类推，直到得到第 n 项。这就是“逐层返回”的过程。

【例 2.6】 已知方程 $2x^2-19x+24=0$ 两个根分别在[1, 2]和[7, 9]区间内，用二分法求方程的根。

方程 $f(x)=0$ 的根 x_0 是曲线 $y=f(x)$ 与 x 轴相交时的 x 值。已知方程的根 $x_0 \in [a, b]$，若存在区间 $[a_1, b_1] \subset [a, b]$，并且根 $x_0 \in [a_1, b_1]$，即小区间中的根也是大区间中的根（递归）。故可通过不断缩小区间的方式进行求解。程序如下：

```
float root(float a, float b)       //求函数的根
{
    float y, x;
    x=(a+b)/2;                     //计算中点
    y=fun(x);                      //计算中点的函数值
    if(fabs(y)>1e-6)               //中点函数值较大
    {
        if(y*fun(a)>0) a=x;        //改变区间边界，区间变小
        else b=x;
        x=root(a, b);              //在较小区间内求根
    }
    return x;
}
```

递推采用逐步逼近问题目标的思路，在逼近过程中重复相同的过程，而这些过程中的参数不同，其对应程序采用循环程序。在循环程序中，定义的变量个数在整个问题求解过程中是不变的，也就是数据空间大小是不变的，改变的只是变量值。递归将大问题分解成具有相同求解方法的小问题，其对应程序采用递归调用，在程序中变量个数减少（数据空间减小），但在问题求解过程中，其实现内部机理借助于堆栈（数据空间），并由系统维护和管理。该堆栈需要数据空间的分配（进栈）和数据空间的回收（出栈），以及函数调用的时间消耗。递归程序简捷，但计算机的资源（时间和空间）消耗相对较大。

2.5.2 基于递归的树节点存在性判断

前两节有关判断节点是否在树中和求解路径的搜索方法均通过设置堆栈保留派生节点，确保搜索过程的回溯，其总体求解思路是根据树的结构来遍历节点和逼近目标的，搜索程序采用循环过程。实际上，判断节点是否在树中的搜索也是一种递归过程。

（1）若当前树根节点 root 的树是空树，则目标节点 end 肯定不在以 root 为树根节点的树中，即任何节点都不在空树中。

（2）若当前树根节点 root 是目标节点 end，则目标节点 end 就在以 root 为树根节点的树中。

（3）目标节点 end 是否在以 root 为树根节点的树中取决于目标节点 end 是否在以 root 为树根节点的子树中。这个步骤就是递归，判断节点在子树中的过程与判断节点在整棵树的过程相同。

上述递归过程可形式化为以下伪代码：

```
DepthSearch(tree, end)                    //判断节点 end 是否在树 tree 中
    If(tree is Empty) flag= FALSE         //空树，节点 end 不在树 tree 中
```

```
    Else If(tree.root==end) flag=TRUE   //树根节点 root 为节点 end，节点 end
                                              在树 tree 中
    Else
        childNodes=Expand(tree.root)     //派生节点 root 的所有子节点
        For each subtree.root∈childNodes then  //subtree.root 为子树的根
            flag= DepthSearch(subtree, end)    //判断节点 end 是否在子树 subtree 中
            If(flag==TRUE) then          //节点 end 在子树 subtree 中
                flag=TRUE   //节点 end 在子树 subtree 中，也就是在树 tree 中
                goto EXIT   //结束求解
            End if
        End for
    End if
EXIT:
return flag                          //flag 值反映节点 end 是否在树 tree 中
```

除上述树的递归搜索要点外，递归过程还与树的具体存储有关。采用前两节相同树的存储，基于递归的判断节点是否在树中的程序如下（有关树的创建等不再赘述）：

（1）定位子树位置。GetSubTree 给定节点，找到对应的子树。

```
TREE GetSubTree(TREE tree, NODE pa)      //由节点获取所有子节点
{
    TREE subtree=tree;
    while(subtree)                       //从树存储结构中遍历每棵子树
    {
        //本例中 if(strcmp(subtree->node.node, pa)==0) break;
        if(Equal(subtree->node.node, pa, EqualFun)==0) break; //找到子树
        else subtree=subtree->next;      //下一棵子树
    }
    return subtree;                      //子树
}
```

（2）基于递归搜索子树。SearchSubTree 从子树树根开始搜索目标节点。这是伪代码 DepthSearch 的具体实现。

```
STATUS SearchSubTree(TREE tree, TREE subtree, NODE end)
{                    //判断节点是否在树中，深度优先递归搜索
    TREE subsubtree;                     //子树的子树（树根）
    BROTHER children;                    //所有子节点
    STATUS flag=FALSE;                   //目标节点是否在树中标识
    if(subtree==NULL)  return flag;      //子树为空树，目标节点不在树中
    //if(strcmp(subtree->node.node, end)==0)    //子树树根节点是目标节点
    if(Equal(subtree->node.node, end, EqualFun)==0)
        flag=TRUE;
    else                                 //子树树根节点不是目标节点
    {
        children=subtree->node.children; //子树的所有子节点
        while(children)                  //依次判断子节点
        {
            subsubtree=GetSubTree(tree, children->node);//得到子节点的子树的子树
```

```
                flag=SearchSubTree(tree, subsubtree, end); //节点取决于是否在子树的子树中
                if(flag==TRUE) break;          //若节点在子树的子树中，则就在子树中
                children=children->next;       //否则，判断其他子节点
            }
        }
        return flag;                           //返回目标节点是否在子树中
    }
```

（3）搜索树。Search 从开始节点定位子树，然后从该子树搜索目标节点。

```
    STATUS Search(TREE tree, NODE start, NODE end)
    {                                          //判断节点是否在树中，深度优先搜索
        TREE subtree;                          //子树（树根）
        STATUS flag;                           //目标节点是否在树中标识
        subtree=GetSubTree(tree, start);       //得到子树
        if(subtree) flag=SearchSubTree(tree, subtree, end);
                                               //搜索子树，判断目标存在性
        return flag;                           //返回目标节点是否在以节点start开始的子树中
    }
```

可以看出，关于判断节点是否在树中的问题，递归程序比递推程序更加简捷。

2.5.3 基于递归的树路径求解

基于递归的树路径求解与基于递归的树节点存在性判断的过程基本一致，只是在判断节点是否为目标节点的同时生成路径，具体过程如下。

（1）若当前树根节点 root 的树是空树，则目标节点 end 肯定不在以 root 为树根节点的树中，即任何节点都不在空树中，路径必然不存在（即空路径）。

（2）若当前树根节点 root 是目标节点 end，则目标节点 end 就在以 root 为树根节点的树中，故路径必然存在，并且目标节点 end 也是路径的终点，将其加入路径。

（3）目标节点 end 是否在以 root 为树根节点的树中取决于目标节点 end 是否在以 root 为树根节点的子树中。这个步骤就是递归，判断节点在子树中的过程与判断节点在整棵树的过程相同。

上述递归过程可形式化为以下伪代码：

```
    DepthSearch(tree, end, path)       //判断节点 end 是否在树 tree 中，得到路径 path
    If(tree is Empty)                  //空树，节点 end 不在树 tree 中
        flag= FALSE
        path={}                        //路径为空，即没有路径
    Else If(tree.root==end)            //树根节点 root 为节点 end，节点 end 在树 tree 中
        flag=TRUE
        path={end}                     //节点 end 为路径节点
    Else
        childNodes=Expand(tree.root)   //派生节点 root 的所有子节点
        For each subtree.root∈childNodes then  //节点 subtree.root 为子树的根
            flag= DepthSearch(subtree, end) //判断节点 end 是否在子树 subtree 中
            If(flag==TRUE) then        //节点 end 在子树 subtree 中
                flag=TRUE              //节点 end 在子树 subtree 中，也就是在树 tree 中
                path={subtree.root}∪path   //将子树根加入路径中
                goto EXIT              //结束求解
```

```
        End if
      End for
    End if
    EXIT:  return flag                    //flag 值反映节点 end 是否在树 tree 中
```

可以看出，该过程与判断树节点是否在树中没有本质差异，只是多了路径的生成。

除上述树的递归搜索要点外，递归过程还与树的具体存储有关。采用前两节相同树的存储，基于递归的树的路径求解程序如下（有关树的创建、路径表示和生成等不再赘述）：

（1）基于递归搜索子树路径。SearchSubTree 判断目标节点是否在树中的过程中伴随路径的生成。

```
    STATUS SearchSubTree(TREE tree, TREE subtree, NODE end, PATH *path)
    {                                     //判断节点是否在树中，深度优先搜索，生成路径
        TREE subsubtree;                  //子树的子树（树根）
        BROTHER children;                 //所有子节点
        STATUS flag=FALSE;                //是否从子树的子树中搜索到目标标识
        if(subtree==NULL)                 //子树为空树
            {
                *path=NULL;               //路径不存在
                return flag;
            }
    //if(strcmp(subtree->node.node, end)==0)  //子树树根就是目标
    if(Equal(subtree->node.node, end, EqualFun)==0)
        {
    flag=TRUE;
            *path=AddANodeToPath(children->node, *path);//子节点加入路径
    }
        else
        {
            children=subtree->node.children;          //所有子节点
            while(children)                           //依次遍历子节点
            {
                subsubtree=GetSubTree(tree, children->node);      //子节点的子树
                flag=SearchSubTree(tree, subsubtree, end, path);  //搜索子树的子树
                if(flag==TRUE)                        //子树的子树目标存在
                {
                    *path=AddANodeToPath(children->node, *path);//子节点加入路径
                    break;                            //找到目标，无须再找
                }
                children=children->next;              //搜索其他子节点
            }
        }
        return flag;                                  //目标节点的存在性
    }
```

（2）基于递归的完整路径求解。SearchPath 从给定初始节点定位子树，从子树开始搜索生成路径。

```
    STATUS SearchPath(TREE tree, NODE start, NODE end, PATH *path)
    {   //判断节点是否在树中，深度优先搜索
        TREE subtree;                              //子树的树根
```

```
        STATUS flag=FALSE;                          //目标是否存在标识
        subtree=GetSubTree(tree, start);            //子树（树根）
        if(subtree) flag=SearchSubTree(tree, subtree, end, path);//搜索路径
        return flag;                                //路径的存在性
    }
```

这个路径的生成过程是正序的。路径 path 就是堆栈，按照堆栈进栈顺序加入目标节点，直至最后加入初始节点，故从栈顶到栈底正好是初始节点到目标节点的路径。

上述基于递归的树搜索都是深度优先的搜索策略。可以看到，在程序中并没有直接设置堆栈完成搜索过程中间节点的保留（回溯节点），而是采用递归程序间接使用内部的堆栈保留回溯节点。

2.6　本章小结

状态空间表示法是求解人工智能的基本问题方法之一。状态空间中的状态可以抽象成节点或顶点，状态空间问题求解的搜索过程可以采用数据结构的树、图表示求解算法。本章回顾并总结了数据结构中线性表、堆栈、队列等逻辑结构及其链式存储结构，C 语言动态内存分配与管理、文件读/写、字符串处理等。介绍了树的搜索算法及其基于堆栈的深度优先搜索算法和基于队列的广度优先搜索算法。当搜索到的叶节点还不是目标节点时，可利用堆栈或队列中的其他节点进一步搜索，因此这两种算法是可回溯的搜索算法，即只要目标节点在给定的初始节点为根的子树内，就一定可以搜索到目标节点，搜索的范围具有全空间（子树节点空间）特点，也就是这种搜索算法为遍历搜索。由于搜索算法只利用了树节点之间的联系，并没有利用其他信息，因此这两种算法都是盲目搜索算法。总之，本章中的搜索是可回溯、遍历、盲目、广度优先或深度优先的搜索。为了实现搜索算法，采用软件工程思想，自底向上、模块化设计，确保模块强内聚、弱耦合，最大程度地提高模块的复用性。基于 C 语言对树的表示和存储设计，在实现判定节点是否在子树中后，改进成路径求解。

问题求解主要有递推和递归两种思路。递推主要采用逐步逼近问题目标的思路，也就是已知问题的变化规律，通过变化规律重复问题求解过程（只是参数不一样），逐渐逼近问题目标，直至问题得解，在程序中主要体现在循环程序上。递归是主要采用问题分解的思路，也就是已知问题的变化规律，通过把大问题分解为小问题，并且小问题求解方法与大问题求解方法一样，重复问题分解过程（只是参数不一样），逐渐逼近最简单的已知问题的解（逐步深入过程），然后再由小问题的解重构大问题的解（逐步返回），在程序中主要体现在递归程序（函数定义中出现对自身函数的调用，递归调用）上。递归程序运行时需要借助堆栈完成，这个堆栈由系统自动维护和管理。有关树的搜索（包括判断节点的存在性和路径求解），除采用递推方法（在程序中设置堆栈）实现外，还可采用递归方法（在程序中无须设置堆栈），递归方法显得更加简捷。

习题 2

1. 说明堆栈和队列的基本概念和特点。
2. 说明函数 fscanf、fopen、fclose、feof、strcpy 和 strcmp 的功能。
3. 完成并实现以下程序段。

```
    void priBrothers(BROTHER br)                    //显示兄弟节点
```

```
void priTree(TREE tree)                    //显示树
void priStack(STACK stack)                 //显示栈
void priPaths(struct PATHS *paths)         //显示路径
```

4. 使用Windows的记事本建立一个树数据文件，验证节点及其路径的存在性。
5. 通过学习本章内容，设计树的存储结构（如二叉树存储：节点的左子树为树的第 1 个子节点，右子树为兄弟节点，图2.14中的逻辑结构对应的是图2.38的存储结构）来实现节点在树中判定问题和路径求解问题（递推和递归方法求解）。

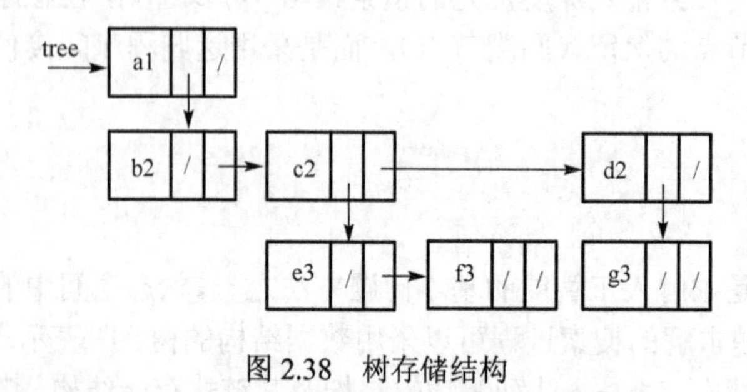

图2.38 树存储结构

6. 将深度优先的递推和递归树搜索改为广度优先的递推和递归树搜索。

第3章

图搜索

有向图是无向图的特例，树是有向图的特例，线性表是树的特例。线性表、树、图都只是逻辑结构，在实际应用中，还需要借助计算机语言进行描述和实现存储结构及其相应的操作。在第2章中也可以看出，树的链式存储是线性链式存储的组合。

树搜索是基本搜索算法之一，具有基础性的特点，在路径求解的基础上避免回路生成，即可应用于图搜索。在树搜索基础上，采用C语言进行图的表示和存储以及实现搜索策略。

3.1 图的表示和存储

3.1.1 图的表示

图的表示必须能够反映节点（顶点）和邻居节点（顶点）的关系。图中的节点数和相邻节点数并不固定，因此可采用动态内存管理方式有效解决动态生成节点及其关系（边）。为了直观感受，以图的逻辑结构（见图3.1）为例，该图是无向图，其链式存储结构如图3.2所示。

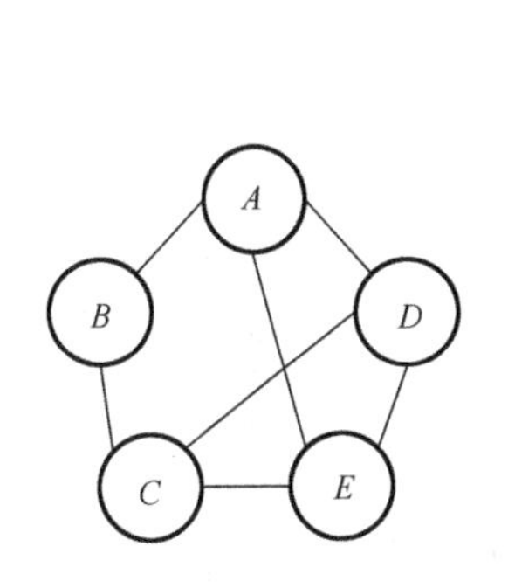

图3.1 图的逻辑结构

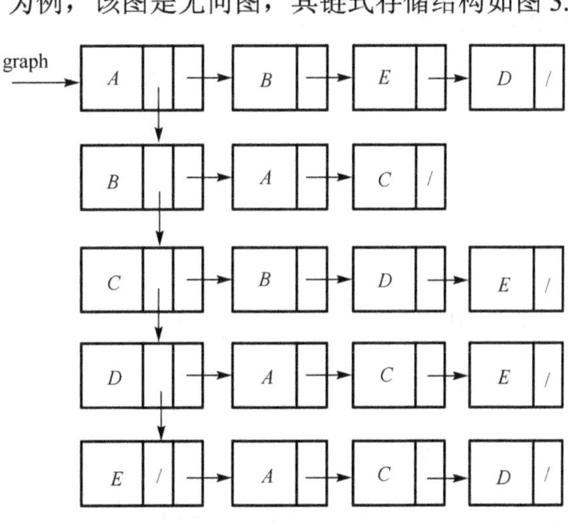

图3.2 图的链式存储结构

这种链式存储结构的特点包括：

（1）纵向节点为图中所有节点；

（2）横向节点为一个节点及其所有相邻节点；

（3）纵向节点与顺序无关；
（4）横向相邻节点与顺序无关；
（5）通过指针 graph 可以访问到任意节点。

3.1.2 图存储结构设计

根据图的存储结构，需要存储图中节点及其相邻节点。图的链式存储结构的程序设计如下：

```
#define NAMESIZE 20                           //名称允许长度
typedef char NODE[NAMESIZE];                  //节点名称类型
struct NEIGHBORNODE                           //节点类型
{
    NODE node;                                //节点
   struct NEIGHBORNODE *next;                 //邻近节点
};
typedef struct NEIGHBORNODE *NEIGHBOR;  //相邻节点类型
struct ANODE                                  //节点类型
{
    NODE node;                                //节点
    NEIGHBOR adjacents;                       //邻近节点
};
typedef struct ANODE ANYNODE;                 //节点类型
struct GRAPHNODE                              //图的节点存储类型
{
    ANYNODE node;                             //节点
    struct GRAPHNODE *next;                   //其他节点
};
typedef struct NEIGHBORNODE *PATH;            //路径类型
struct Paths                                  //路径集合类型
{
    PATH path;                                //一条路径
    struct Paths *next;                       //下一条路径
};
typedef  struct Paths *PATHS;                 //路径集合类型
typedef struct GRAPHNODE *GRAPH;              //图类型
```

注：在图 3.2 中，变量 graph 定义如下：

```
GRAPH graph;                                  //图
```

3.1.3 图存储实现

与第 2 章的树存储一样，只要把 TREE 替换为 GRAPH 就可以实现图的存储。图的数据文件如图 3.3 所示。

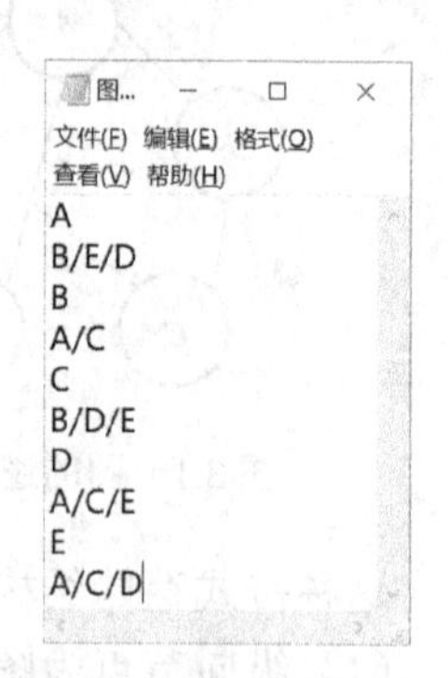

图 3.3 图的数据文件

3.2 图的路径求解

通过图的表示、存储设计及其存储实现，从图的数据文件到

内存的链式存储，在此基础上可以实现图的搜索。图搜索与树搜索的不同点在于图的搜索过程有可能构成回路，即搜索路径可能是回路。在回路中无限循环搜索，无法到达目标节点，因此，在从节点中产生相邻节点集并构成新路径前可以删除构成回路的节点，即已搜索过的节点（在搜索路径中）不再进入搜索。

（1）判断节点是否在路径中。IsInPath 用于判断节点是否在路径中，返回"真"/"假"（1/0），可用于回路的判断。

```
STATUS IsInPath(NODE node, PATH path)                  //节点在路径中
{
    PATH p=path;
    STATUS flag=FALSE;                                 //节点是否在路径中的标识
    while(p)
    //与 if(strcmp(node, p->node)==0)等价
        if(Equal(node, p->node, EqualFun)==0)          //node 在路径中，如图 3.4 所示
        {
            flag=TRUE;
            break;
        }
        else
            p=p->next;
    return flag;                                       //返回真、假值
}
```

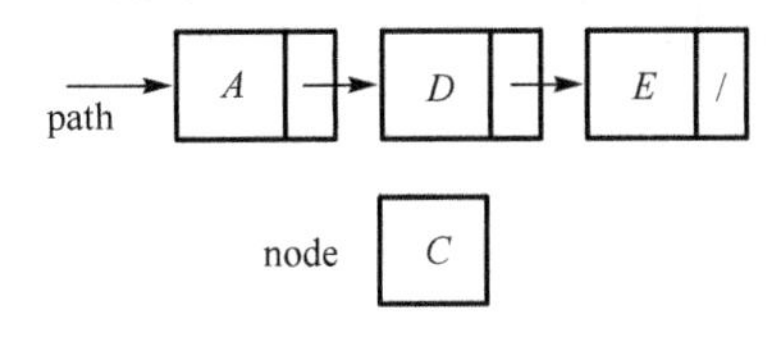

图 3.4 节点与路径

（2）删除在路径中的节点。DeleteNodeInPath 可以从节点集合中删除其在路径中的节点，可避免与路径形成回路。

```
NEIGHBOR DeleteNodeInPath(NEIGHBOR adjacents, PATH path)
{         //从节点集合 adjacents 中删除节点在路径 path 中的节点
    NEIGHBOR n1=adjacents, n2;
    STATUS flag=FALSE;
    while(n1)                                   //节点集合的每个节点
    {
        flag=IsInPath(n1->node, path);          //节点是否在路径中
        if(flag==TRUE)                          //节点在路径中
        {
            if(n1==adjacents)                   //删除节点，如图 3.5 所示
            {
                adjacents=n1->next;             //下一个节点
```

```
                free(n1);                        //删除当前节点
                n1=adjacents;                    //其他节点
            }
            else                                 //删除节点，如图 3.6 所示
            {
                n2->next=n1->next;               //NULL
                free(n1);                        //删除当前节点
                n1=n2->next;                     //NULL
            }
        }
        else                                     //节点不在路径中
        {
            n2=n1;                               //下一个节点
            n1=n1->next;
        }
    }
    return adjacents;
}
```

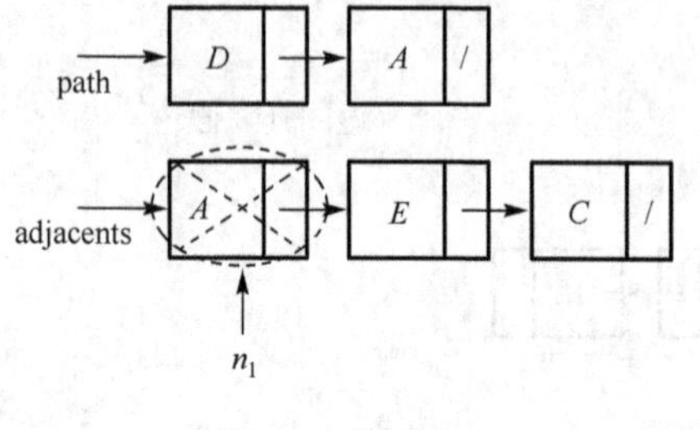

图 3.5　删除节点

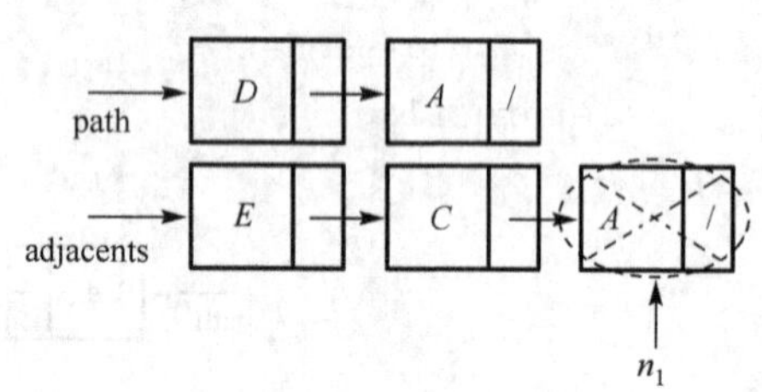

图 3.6　删除节点

（3）相邻节点形成路径集合。FormPathsFromNodes 节点集合中每个节点与路径依次形成路径集合，如图 3.7 所示。

```
PATHS FormPathsFromNodes(NEIGHBOR adjacents, PATH path, PATHS paths )
{                              //将不在路径中的节点加入路径，形成路径集合
    PATH tempath;
    adjacents=DeleteNodeInPath(adjacents, path);    //删除构成回路的节点
    while(adjacents)                                 //所有不构成回路的节点
    {
        tempath=CopyPath(path);                      //复制路径
        tempath=AddANodeToPath(adjacents->node, tempath);
                                                     //在路径中加入一个节点
        paths=AddAPathToPaths(tempath, paths);       //新路径加入路径集合
        adjacents=adjacents->next;                   //下一个节点
    }
    return paths;                                    //返回路径集合
}
```

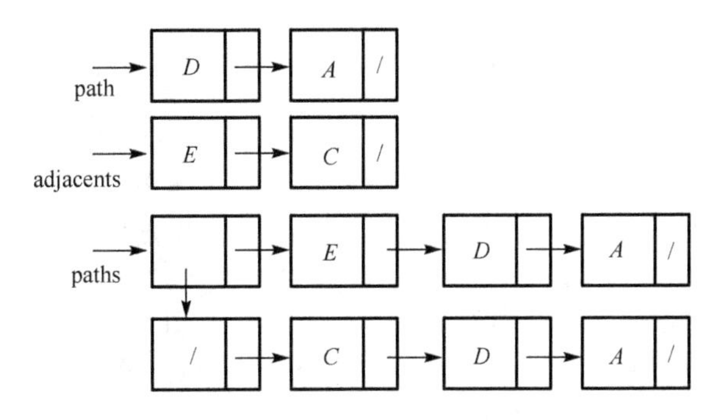

图 3.7　路径、节点集合与路径集合

（4）路径搜索。SearchPath 搜索从初始节点到目标节点的一条路径。

```
STATUS SearchPath(GRAPH graph,
NODE start, NODE end, PATH *path)
{//判断节点是否在图中，并获取路径
    NODE node;
    NEIGHBOR adjacents;
    STACK stack=NULL;
    STATUS flag=FALSE;
    PATH tempath=NULL;
    struct PATHS *paths=NULL;
    if(graph==NULL) return flag;//没有图
    tempath=AddANodeToPath(start, tempath);        //初始节点形成路径
    stack=PushAPath(stack, tempath);               //路径进栈
    while(stack)                                   //任意一条路径
    {
        tempath=ClearPath(tempath);                //清空路径
        stack=PopANode(stack, node, &tempath);     //出栈
        //本例等同于 if(strcmp(end, node)==0)
        if(Equal(end, node, EqualFun)==0)          //目标节点
        {
            flag=TRUE;                             //找到目标节点
            *path=CopyPath(tempath);               //获取路径
            break;
        }
        adjacents=ExpandNodes(graph, node);        //相邻的所有节点
        paths=FormPathsFromNodes(adjacents, tempath, paths);
                                                   //形成不带回路的路径集合
        stack=PushPaths(stack, paths);             //所有路径进栈
        paths=ClearPaths(paths);                   //回收所有路径
    }
    ClearStack(stack);                             //清除堆栈
    return flag;
}
```

（5）应用实例。建立图文件如图 2.23 所示，通过建立图和搜索算法，实现输入初始节点和目标节点，搜索图路径。

```
void main()
{
    NODE start, end;                                    //起始节点、目标节点
    PATH path=NULL;                                 //路径
    STATUS flag;                                    //节点是否在图中
    GRAPH graph=NULL;                               //图
    char *filename="D:\\图1.txt";                   //图文件
    graph=CreateGraph(graph, filename); //建立图存储结构
    printf("The Start Node:");
    scanf("%s", start);                             //输入任一起点节点名
    printf("The End Node:");
    scanf("%s", end);                               //输入任一终点目标点名
    flag=SearchPath(graph, start, end, &path);  //节点start到end的路径
    printf("Search %s from %s, Status=%d\n", end, start, flag);//显示状态
    printf("Path=");
    RevPath(path);                                  //路径倒序
    priPath(path);                                  //显示路径
    printf("==================\n");
    ClearGraph(graph);                              //清空图存储单元
}
```

运行结果如图3.8所示。由于节点K不在图中，因此没有路径可到达。节点D、E均在图中，因此存在路径，但该路径与图节点存储有关。若存储结构的设计按有向边进行存储，则该算法同样适用于有向图的搜索。从中也可以看出，本质上树搜索也是图搜索，只是树是不带回路的有向图。以如图3.3所示的树为例，其对应的树文件如图2.23所示，运行结果如图3.9所示。存在路径a1→c2→f3，但不存在路径f3→c2→a1。若树按无向图存储，则树就成为连通图。这个例子很好地说明了无向图、有向图、树三者的关系。

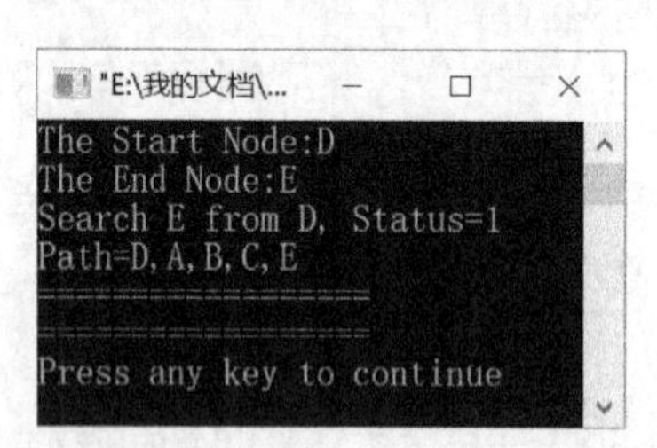

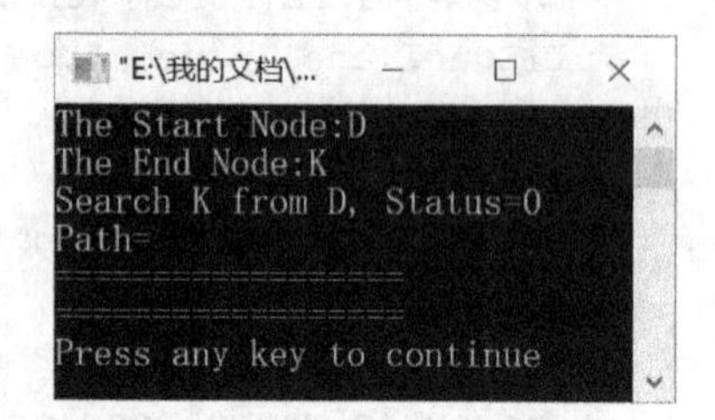

图3.8　运行结果

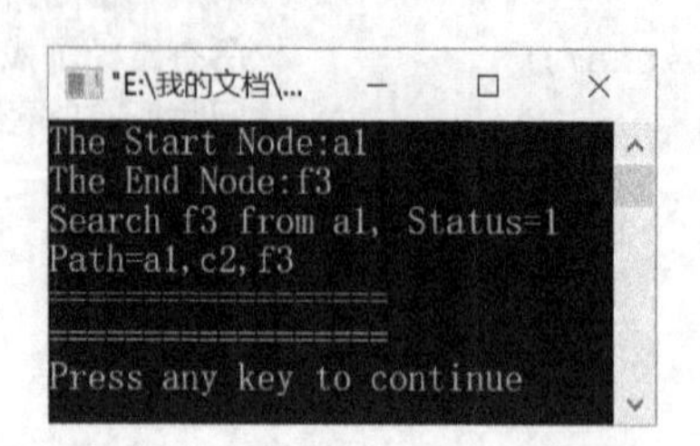

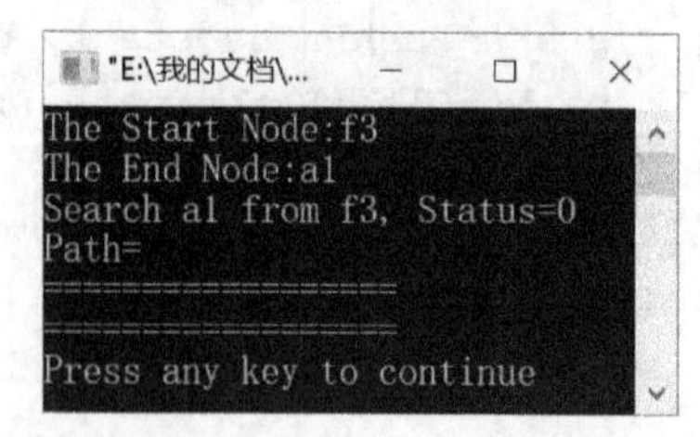

图3.9　运行结果

3.3 基于递归的图路径求解

3.3.1 基于递归的深度优先图搜索

上述图搜索的路径求解过程是基于递推的思路，也可改用递归的思路。基于递归的图路径搜索与基于递归的树路径求解基本一致。从本质上来看，树是有向、无回路的图，因此，在树的搜索过程中无须进行回路的判断，而图的深度优先搜索则需要进行回路的判断，也就是在生成图路径的过程中需要排除回路，具体算法如下：

① 若当前图是空图，则目标节点 end 肯定不在含有节点 root 的图中，即任何节点都不在空图中，路径必然不存在（空路径）；

② 若当前图节点 root 是目标节点 end，则目标节点 end 就在含有节点 root 的图中，路径必然存在，并且目标节点 end 是路径的终点，将其加入路径；

③ 目标节点 end 是否在含有节点 root 的图中取决于目标节点 end 是否在含有节点 root 的相邻节点的子图（以每个相邻节点为子图的初始节点，而且相邻节点都不在以往的搜索路径中，即排除回路生成）中，即只判断节点 root 的所有相邻节点之一的子图。若当前搜索失败，则再判断节点 root 的其他子节点的子图。这个步骤就是递归，判断节点是否在子图中的过程与判断节点 root 是否在整个图中的过程相同，即每次都只判断其中一个节点并对其进行深入递归，进而构成深度优先搜索

注意：在路径上的节点一定在搜索路径上，而在搜索路径上的节点不一定在路径中。上述递归过程可形式化为以下伪代码：

```
DepthSearch(graph, end, path, searchpath)  //判断目标节点end是否在图graph中，得到路径path
If(graph is Empty)                         //空图，目标节点 end 不在图 graph 中
    flag= FALSE
    path={}                                //路径为空，即没有路径
    searchpath={}                          //搜索路径为空，即没有搜索路径
Else If(graph.root==end)                   //节点 root 为目标节点 end，目标节点 end 在
                                             图 graph 中
    flag=TRUE
    path={end}                             //目标节点 end 为路径节点
    searchpath={end}                       //目标节点 end 为搜索路径节点
Else if(subgraph.root∉searchpath)                  //排除回路
    searchpath={graph.root}∪searchpath             //将节点加入搜索路径
    adjacentNodes=Expand(graph.root)               //派生节点 root 的所有相邻节点
    For each subgraph.root∈adjacentNodes and       //子图中的节点 subgraph.root
                                                     为图的新起点
        subgraph.root∉searchpath then              //子图中的节点 subgraph.root 不
                                                     在以往路径中
        flag= DepthSearch(subgraph, end)           //判断目标节点 end 是否在子图
                                                     subgraph 中
            If(flag==TRUE) then                    //目标节点 end 在子图 subgraph 中
            flag=TRUE         //目标节点 end 在子图 subgraph 中，也就在图 graph 中
            path={subgraph.root}∪path              //将子树根加入路径中
goto EXIT                                          //结束求解
        End if
```

```
        End for
        End if
    End if
    EXIT:
        return flag                          //flag值反映目标节点end是否在图graph中
```

已经介绍过的函数这里不再赘述，下面利用其他不同程序实现上述过程。

（1）给定节点的子图。GetSubGraph通过给定节点确定子图的初始位置，即子图的指针。

```
    GRAPH GetSubGraph(GRAPH graph, NODE node)
    {                                        //由给定节点获取所有子节点（子图），子图指针
        GRAPH subgraph=graph;
        while(subgraph)             //遍历图节点
        {
            //if(strcmp(subgraph->node.node, node)==0) break;
            if(Equal(subgraph->node.node, node, EqualFun)==0) break; //找到图节点
            else subgraph=subgraph->next;
        }
        return subgraph;            //得到子图
    }
```

（2）搜索子图生成路径。SearchSubGraph从指定的子图中搜索目标节点，获取路径和搜索路径，返回反映路径是否存在的值，即“真”/“假”(1/0)。

```
    STATUS SearchSubGraph(GRAPH graph, GRAPH subgraph,
    NODE end, PATH *path, PATH *searchpath)
    {                                        //判断节点是否在图中，深度优先搜索，生成路径
        GRAPH subsubgraph;                   //子图的子图（图的给定节点）
        NEIGHBOR adjacents;                  //所有子节点
        STATUS flag=FALSE;                   //是否能从子图的子图中搜索到目标节点
        if(subgraph==NULL)                   //子图为空图
            {
                *path=NULL;                  //路径不存在（空路径）
                *searchpath=NULL;            //搜索路径不存在（空路径）
                return flag;
            }
        //if(strcmp(subgraph->node.node, end)==0)  //子图给定的节点就是目标节点
        if(Equal(subgraph->node.node, end, EqualFun)==TRUE) break;
    {
            flag=TRUE;
            *searchpath=AddANodeToPath(end, *searchpath); //将目标节点、加入到搜索
                                                              路径中
            *path=AddANodeToPath(end, *path);                //将目标节点加入到路径中
    }
    else if(IsInPath(subgraph->node.node, *searchpath)==FALSE)
        {   //生成搜索路径，收集所有判断过的节点（搜索路径节点不重复）
            *searchpath=AddANodeToPath(subgraph->node.node, *searchpath);
            adjacents=subgraph->node.adjacents; //所有相邻节点
            while(adjacents)                           //依次遍历所有相邻节点
```

```
        {   //相邻节点不在搜索路径中
            if(IsInPath(adjacents->node, *searchpath)==FALSE)
                                                //未判断相邻节点
            {                                   //相邻节点的子图
                subsubgraph=GetSubGraph(graph, adjacents->node);
                                                //搜索子图的子图
                flag=SearchSubGraph(graph, subsubgraph, end, path,
                                    searchpath);
                if(flag==TRUE)                  //子图的目标节点存在
                {                               //相邻节点加入路径
                    *path=AddANodeToPath(adjacents->node, *path);
                    break;                      //找到目标节点，无须再找
                }
            }
            adjacents=adjacents->next;          //搜索其他相邻节点
        }
    }
    return flag;                                //目标节点的存在性
}
```

（3）基于递归的搜索图生成路径。SearchPath 给定初始节点和目标节点，并生成初始节点和目标节点的路径和搜索路径，返回反映路径是否存在的值，即“真”/“假”（1/0）。

```
STATUS SearchPath(GRAPH graph, NODE start, NODE end, PATH *path)
{                               //判断节点是否在图中，深度优先搜索，生成路径
    GRAPH subgraph;             //子图（给定节点）
    STATUS flag;                //目标是否存在标识
    PATH searchpath=NULL;       //搜索路径，表示已判断过的路径
    subgraph=GetSubGraph(graph, start); //子图
    if(subgraph) flag=SearchSubGraph(graph, subgraph, end, path, &searchpath);
                                //搜索
    //if(flag==TRUE) *path=AddANodeToPath(start, *path);
                                //路径存在，将初始节点加入到路径中
    printf("Search Path=");
    priPath(searchpath);        //显示搜索路径
    ClearPath(searchpath);      //清空搜索路径
    return flag;                //路径的存在性
}
```

运行结果如图 3.10 所示。可以看出，由于图是连通图，并且进行了深度优先搜索，因此图的搜索路径也是求解路径。在程序中，利用搜索路径 searchpath 收集已搜索过的节点。若新派生的相邻节点在搜索路径中（可生成回路），则该节点是无效节点。若搜索路径不是连通图或树，则搜索路径常常不是求解路径。树是没有回路的有向图，上述程序同样可用于树的路径求解。以图 2.14 所示的树为例，其树文件如图 2.23 所示。运行结果如图 3.11 所示。可以看到搜索路径（深度优先搜索过程）不同于求解路径。

上述基于递归的图搜索是深度优先的搜索策略，也就是从当前节点开始判断是否为目标节点，若当前节点不是目标节点，则从相邻子节点中再取一个节点递归继续判断。在采用深度优

先搜索时，尽管两个节点相邻（如节点 *D*、*E*），但深度优先搜索得到的求解路径却不是最短路径，可改为基于递归的广度优先搜索。

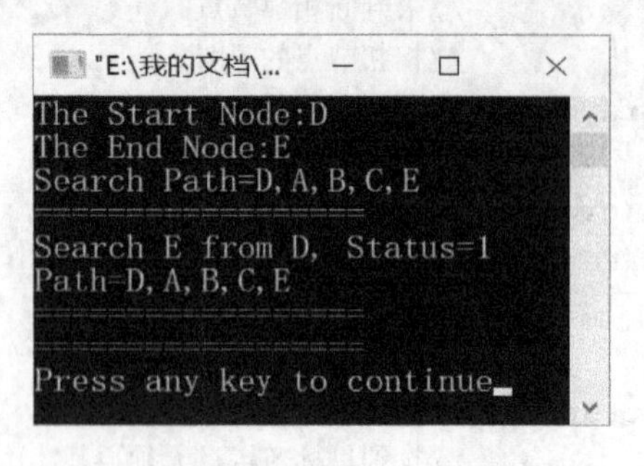

图 3.10　运行结果

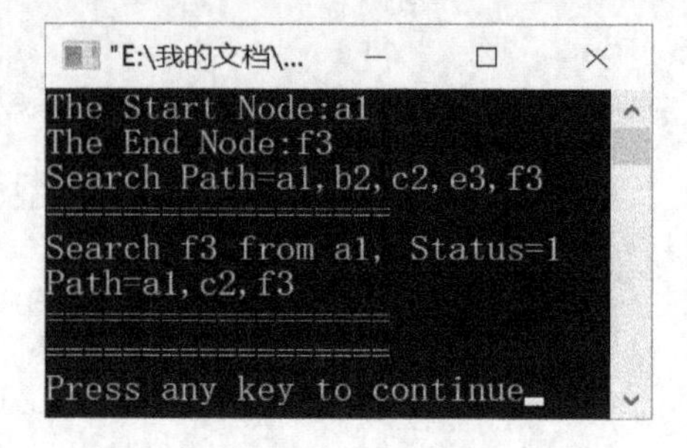

图 3.11　运行结果

3.3.2　基于递归的广度优先图搜索

在基于递归的深度优先图搜索过程中，若当前节点不是目标节点，则派生相邻的所有节点，并选择其中一个尚未搜索过的节点继续搜索。而在基于递归的广度优先图搜索过程中，若当前节点不是目标节点，则派生相邻的所有节点并将其加入到待判断队列中，然后选择队列中一个尚未搜索过的节点继续搜索。对图进行基于递归的广度优先搜索同样需要进行回路的判断，同时需要对求解路径进行生成，具体算法如下：

① 若当前图节点 root 的图是空图，则目标节点 end 肯定不在以图节点 root 的图中，即任何节点都不在空图中，路径必然不存在（空路径）；

② 若当前图节点 root 是目标节点 end，则目标节点 end 就在以图节点 root 的图中，路径必然存在，并且目标节点 end 也是路径的终点，将其加入路径；

③ 目标节点 end 是否在以图节点 root 的图中取决于目标节点 end 是否在以图节点 root 的相邻节点的子图（以每个相邻节点为子图的初始节点，而且相邻节点都不在以往的搜索路径中，即排除回路生成）中。图节点 root 的所有子节点进入队列，依次判断队列节点 node。若当前节点 node 判断失败，则生成当前节点 node 的所有子节点，并加入待判断队列中。这个步骤就是递归，判断节点 node 是否在子图中的过程与判断图节点 root 是否在整个图的过程相同。也就是每次递归搜索的起点都是队列中的头节点 node。每次都只判断其中一个节点并对其进行深入递归，进而构成广度优先搜索。

④ 在上述递归搜索过程中，将当前节点的求解路径与子节点派生进而形成新的求解路径，并将其加入路径集合中，使得路径集合中的求解路径与搜索过程中当前节点的子节点具有一一对应关系。因此，由目标节点 end 可以定位到一条求解路径。

上述递归过程可形式化为以下伪代码，即通过判断目标节点 end 是否在图 graph 中，进而得到路径 path。

```
WidthSearch(graph, end, path, searchpath, alladjacents, allpaths)
If(graph is Empty)                        //空图，目标节点 end 不在图 graph 中
    flag= FALSE
    path={}                               //路径为空，即没有路径
    searchpath={}                         //搜索路径为空，即没有搜索路径
Else If(graph.root==end)      //图节点 root 为目标节点 end，目标节点 end 在图 graph 中
```

```
    flag=TRUE
    path={end}                          //目标节点 end 为路径节点
    searchpath={end}                    //目标节点 end 为搜索路径节点
    allpaths={path}                     //路径集合中存在一条路径
Else if(subgraph.root∉searchpath)             //排除回路
    searchpath={graph.root}∪searchpath        //将节点加入到搜索路径中
    adjacentNodes=Expand(graph.root)          //派生节点 root 的所有相邻节点
    adjacentNodes = adjacentNodes-searchpath  //尚未搜索过的所有相邻节点
    paths=FormPaths(adjacentNodes, path)      //每个节点与路径形成路径构成路径集合
    allpaths=alladjacents∪paths               //收集当前有效的路径
    alladjacents=alladjacents∪adjacentNodes   //将有效的路径加入队列
    For each subgraph.root∈alladjacents and   //节点 subgraph.root 为图的新起点
        subgraph.root∉searchpath then         //节点 subgraph.root 不在以往路径中
        flag= WidthSearch(subgraph, end)      //判断目标节点 end 是否在子图
                                                subgraph 中
        If(flag==TRUE) then                   //目标节点 end 在子图 subgraph 中
            flag=TRUE          //目标节点 end 在子图 subgraph 中，也就在图 graph 中
            path=GetPath(allpaths)            //得到一条路径
            goto EXIT                         //结束求解
        End if
    End for
End if
EXIT:
    return flag                         //flag 值反映目标节点 end 是否在图 graph 中
```

已经介绍过的函数这里不再赘述，其他不同程序实现如下：

（1）判断节点的存在性。IsInAdjacents 判断节点是否在节点集合中，返回 TRUE（1）或 FLASE（0）。

```
STATUS IsInAdjacents(NODE node, NEIGHBOR adjacents)//判断节点是否在节点集合中
{
    PATH path=(PATH)adjacents;              //节点集合与路径节点存储结构相同
    return IsInPath(node, path);            //节点是否在路径中，复用函数 IsInPath
}
```

（2）路径定位。LocatePath 通过节点从路径集合中查找路径，获取该路径。

```
PATH LocatePath(NODE node, PATHS paths) //根据节点从路径集合中获取路径
{
    PATH path=NULL;                     //路径
    while(paths)                        //遍历路径集合
    {
        if(Equal(paths->path->node, node, EqualFun)==0) //路径头节点与该节点相同
        //if(strcmp(paths->path->node, node)==0)
        {
            path=paths->path;                           //找到路径
            break;
        }
        paths=paths->next;                              //继续查找
```

```
    }
    return path;                                              //返回路径
}
```

（3）删除路径。DelPathFromPaths 将路径从路径集合中删除。

```
PATHS DelPathFromPaths(PATHS paths, PATH path)  //从路径集合中删除路径
{
    PATHS ps1=paths, ps2;
    if(paths==NULL||path==NULL) return NULL;     //路径与路径集合不存在
    while(ps1->path!=path)                       //在路径集合中查找路径
    {
        ps2=ps1;
        ps1=ps1->next;
    }
    if(ps1!=NULL)                                //找到路径
        if(paths==ps1)                           //路径在路径集合的头部
            paths=ps1->next;
        else                                     //路径不在路径集合中
            ps2=ps1->next;
    ClearPath(ps1->path);                        //清空（删除）路径
    return paths;                                //得到路径集合
}
```

（4）路径追加。AddAPathToPaths 在路径集合中追加路径形成扩展的路径集合。

```
PATHS AddAPathToPaths(PATH path, PATHS paths)   //将路径追加到路径集合中
{
    PATH copypath;
    PATHS ps=NULL, p;
    if(path==NULL) return paths;                 //路径不存在，无须追加
    copypath=CopyPath(path);                     //复制路径
    ps=(PATHS) malloc(sizeof(struct Paths));     //生成路径集合中的节点
    ps->path=copypath;
    ps->next=NULL;
    if(paths==NULL)                              //路径集合为空
        paths=ps;                                //路径集合只有刚加入的路径
    else                                         //路径集合不为空
    {
        p=paths;                                 //路径加入路径集合的尾部
        while(p->next)p=p->next;
        p->next=ps;
    }
    return paths;                                //得到路径集合
}
```

（5）生成路径集合。FormPaths 将节点集合中每个节点分别加入路径形成的路径集合中。

```
PATHS FormPaths(NEIGHBOR adjacents, PATH path) //节点集合与路径形成新的路径集合
{
```

```
    PATH pt;
    PATHS paths=NULL;                                //初始化路径集合
    while(adjacents)
    {
        pt=CopyPath(path);                           //复制路径
        pt=AddANodeToPath(adjacents->node, pt); //在路径中加入节点，形成新路径
        paths=AddAPathToPaths(pt, paths);            //新路径加入路径集合
        adjacents=adjacents->next;                   //下一个节点
    }
    return paths;                                    //得到路径集合
}
```

（6）合并路径集合。UnionPaths 将路径集合中每条路径追加到另一个路径集合中进而形成新的路径集合。

```
PATHS UnionPaths(PATHS paths1, PATHS paths)       //路径集合合并，形成新的路径集合
{
    PATHS ps=paths1;                              //路径集合
    while(paths)                                  //路径集合不为空（所有路径）
    {
        ps=AddAPathToPaths(paths->path, ps);      //加入一条路径到路径集合中
        paths=paths->next;                        //下一条路径
    }
    return ps;                                    //合并后的路径集合
}
```

（7）合并节点集。UnionAjacentss 将节点集中的每个节点追加到另一个节点集合中进而形成的新节点集合。

```
NEIGHBOR UnionAdjacents(NEIGHBOR adjacents, NEIGHBOR alladjacents)
{                    //节点集合合并
    while(adjacents)                           //所有节点（节点集合不为空）
    {   //节点不在 alladjacents 中
        if(IsInAdjacents(adjacents->node, alladjacents)==FALSE)
                                               //节点不在节点集合中
            alladjacents=AddAnAdjacents(alladjacents, adjacents->node);
                                               //加入节点
        adjacents=adjacents->next;             //下一个节点
    }
    return alladjacents;                       //合并后集合
}
```

（8）相差节点集。DiffAdjacents 将不在另一个节点集合中的所有节点形成新节点集合。

```
NEIGHBOR DiffAdjacents(NEIGHBOR adjacents, NEIGHBOR alladjacents)
{                                                         //节点集合合并
    NEIGHBOR minusadjacents=NULL;                         //新节点集合
    while(adjacents)                                      //所有节点
    {  //不在 alladjacents 中的节点加入节点 minusadjacents
        if(IsInAdjacents(adjacents->node, alladjacents)==FALSE)
```

```
            minusadjacents=AddAnAdjacents(minusadjacents, adjacents->node);
        adjacents=adjacents->next;                          //下一个节点
    }
    return minusadjacents;                                  //节点集合的差集
}
```

（9）递归搜索子图。SearchSubGraph 递归搜索子图，生成求解路径、搜索路径和相邻节点集合。

```
STATUS SearchSubGraph(GRAPH graph, GRAPH subgraph, NODE end, PATH *path1,
                PATH *searchpath, NEIGHBOR *alladjacents1, PATHS *allpaths)
{                       //判断节点是否在图中，广度优先搜索，生成路径
    GRAPH subsubgraph;              //子图的子图（图的给定节点）
    NEIGHBOR adjacents;             //所有子节点
    NEIGHBOR alladjacents=*alladjacents1; //搜索过程中的所有节点
    STATUS flag=FALSE;              //是否能从子图中搜索到目标标识
    PATH path=NULL, locpath;        //求解路径、临时定位路径
    PATHS paths=*allpaths;          //路径集合
    if(subgraph==NULL)              //子图为空图
        {
            *path1=NULL;            //路径不存在（空路径）
            *allpaths=NULL;         //路径集合不存在
            return flag;
        }
    if(Equal(subgraph->node.node, end, EqualFun)==0)  //子图的给定节点就是目标节点
//  if(strcmp(subgraph->node.node, end)==0)
    {
        flag=TRUE;                                  //该节点是目标节点
        *path1=AddANodeToPath(subgraph->node.node, NULL);      //形成求解路径
    }   //当前节点不在搜索路径中
    else if(IsInPath(subgraph->node.node, *searchpath)==FALSE)
    {   //加入节点，生成搜索路径
        *searchpath=AddANodeToPath(subgraph->node.node, *searchpath);
        adjacents=subgraph->node.adjacents;         //当前节点所有的相邻节点
        adjacents=DiffAdjacents(adjacents, *searchpath);
                                                    //排除在搜索路径中相邻节点
        if(*allpaths==NULL)         //在开始搜索时，当前路径集合为空
        {
            path=AddANodeToPath(subgraph->node.node, NULL); //生成第一条路径
            paths=FormPaths(adjacents, path);       //相邻节点集合与路径生成路径集合
            *allpaths=UnionPaths(*allpaths, paths);//路径集合合并，即收集路径集合
        }
        else                        //不是刚开始搜索
        {
            locpath=LocatePath(subgraph->node.node, *allpaths);
                                                    //在路径集合中找到路径
            path=CopyPath(locpath);                 //复制路径
            *allpaths=DelPathFromPaths(*allpaths, locpath);   //在路径集合中删除路径
```

```
            paths=FormPaths(adjacents, path);    //相邻节点集合与路径生成路径集合
            *allpaths=UnionPaths(*allpaths, paths);//路径集合合并，即收集路径集合
        }
        ClearPath(path);                         //清除临时路径
        ClearPaths(paths);                       //清除临时路径集合
        //合并当前搜索相邻节点到迄今为止的所有相邻节点集合（队列操作）
        *alladjacents1=UnionAdjacents(adjacents, *alladjacents1);
        alladjacents=*alladjacents1;     //依次遍历所有相邻节点（取队列头节点）
        while(alladjacents)              //依次遍历所有相邻节点
        {   //相邻节点不在搜索路径中
            if(IsInPath(alladjacents->node, *searchpath)==FALSE)
            {   //相邻节点的子图
                subsubgraph=GetSubGraph(graph, alladjacents->node);
                flag=SearchSubGraph(graph, subsubgraph, end, path1,
                searchpath, alladjacents1, allpaths);   //递归搜索子图的子图
                if(flag==TRUE)                          //子图的子图目标存在
                {
                    *path1=LocatePath(end, *allpaths); //从路径集合中找到路径
                    break;                              //找到目标，无须再找
                }
            }
            alladjacents=alladjacents->next;            //搜索其他相邻节点
        }
    }
    return flag;                                        //目标节点的存在性
}
```

（10）递归路径求解。SearchPath 通过给定图中的初始节点和目标节点得到从初始节点到目标节点的求解路径。

```
STATUS SearchPath(GRAPH graph, NODE start, NODE end, PATH *path)
{                    //判断节点是否在图中，广度优先搜索，生成路径
    GRAPH subgraph;                             //子图（给定节点）
    STATUS flag=FALSE;                          //目标是否存在标识
    PATH searchpath=NULL;                       //搜索路径，表示已判断过的路径
    NEIGHBOR alladjacents=NULL;                 //所有相邻节点（队列）
    PATHS allpaths=NULL;                        //求解路径集合
    subgraph=GetSubGraph(graph, start);         //子图
    if(subgraph) flag=SearchSubGraph(graph, subgraph, end, path,
&searchpath, &alladjacents, &allpaths);         //搜索
    if(flag==TRUE)
searchpath=AddANodeToPath(end, searchpath); //若路径存在，则加入初始节点
    RevPath(searchpath);                        //搜索路径倒序
    printf("Search Path=");                     //显示搜索路径
    priPath(searchpath);
    RevPath(*path);                             //求解路径倒序
    ClearPath(searchpath);                      //清空搜索路径
    ClearAdjacents(alladjacents);               //清空所有相邻节点集合
```

```
        return flag;                                    //路径的存在性
    }
```

运行结果如图 3.12 所示。可以看到，这与深度优先搜索的搜索路径（广度搜索过程）和求解路径不同。以图 2.14 所示的树为例，其树文件如图 2.23 所示。运行结果如图 3.13 所示。可以看到搜索路径（广度搜索过程）不同于求解路径。

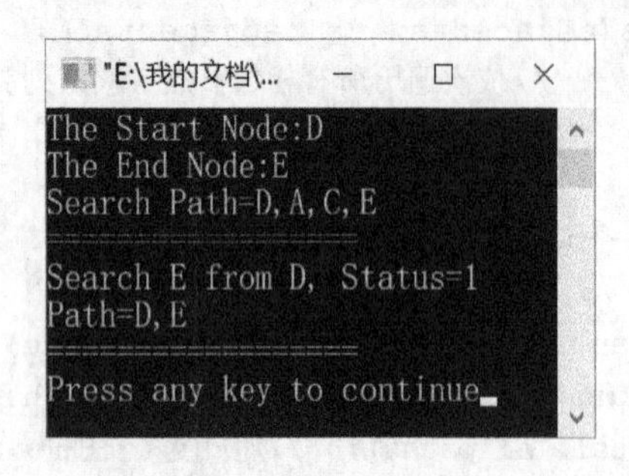

图 3.12　运行结果

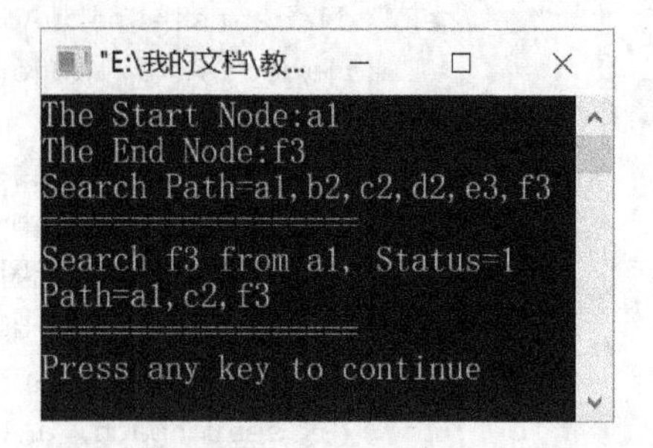

图 3.13　运行结果

上述程序有以下要点：

(1)利用搜索路径 searchpath 收集已搜索过的节点。若新派生的相邻节点在搜索路径中(已经搜索判断过，其可生成回路)，则该节点无效；

(2）结合队列思想用 alladjacents 收集到当前为止的所有相邻节点（相邻节点集合)，再依次判断节点是否为目标节点，进而实现广度优先搜索；

(3）当前新派生的相邻节点不应该在搜索路径中，也不应该在相邻节点集合 alladjacents 中（因为当前后出现节点意味着距离远、深度深)，即确保当前节点是最新出现的，在以前搜索过程中没出现过；

(4）新出现的当前节点集合与派生的路径生成新的路径加入到路径集合 paths 中，并加入到迄今为止已生成的求解路径集合 allpaths 中，即在搜索过程中同时生成求解路径。这样就建立了节点集合 alladjacents 与求解路径集合 allpaths 的对应关系。当搜索到目标节点时，对应的求解路径也在求解路径集合 allpaths 中。

3.4　九宫格路径求解

九宫格游戏：九宫格内放置 1～8 个数字，保留一个空格（见图 2.2：初始状态和目标状态)，只有与空格相邻的数字可以移动到空格内（见图 2.3)。九宫格中的每个方格均是一个状态，若移动一个数字，则表示九宫格从一个旧状态生成一种新状态。从图的角度理解，九宫格中的每个方格为一个节点，形成 9!个节点的连通图，相邻的节点表示数字的移动。通过搜索策略可以实现从初始状态到目标状态的转化过程（空格逐一移动)，即图中初始节点到目标节点的路径。

3.4.1　九宫格的表示

在之前关于树和图搜索算法的讨论中，树和图是预先设计的，它们具有清晰的逻辑结构，可以事先设计合适的存储结构，因此，这些树和图可以称为显式树和显式图。九宫格数字游戏这类树或图的逻辑结构同样清晰，但是节点很多，很难直观绘制和预先存储所有节点，故在实际应用中无须进行树或图结构的预先存储，只要知道从当前节点能够找到相邻接节点即可，也就是由当前节点派生出相邻节点即可，这类树和图是动态生成的，也可以称为隐式树和隐式图。

3.4.2 九宫格存储结构设计

本质上，九宫格数字游戏的搜索是求解路径的图搜索，因此，图路径求解的搜索算法可直接用于九宫格数字游戏路径的求解，在求解过程中需要对图中的节点进行设计，如下例中采用二维数组。

```
#define MAXSIZE 3                                   //三个元素
#define ZERO 0                                      //0表示空格
typedef int NODE[MAXSIZE][MAXSIZE];                 //图中节点为二维数组
```

另外，其他有关图搜索的路径和堆栈等类型均不变。这就是从问题空间到状态空间的转变，再到逻辑结构和存储结构的设计与实现。

3.4.3 九宫格搜索实现

九宫格搜索的实现主要集中在九宫格节点的等价判断、九宫格节点的赋值、九宫格相邻节点的生成和九宫格路径的显示等问题上，具体方法如下：

（1）判断九宫格是否相同、赋值。

① equal 判断两个九宫格是否相同，返回“真”/“假”（1/0）。

```
STATUS equal(NODE node1, NODE node2)                //节点（矩阵）相同
{
    int i, j;                                       //二维数组的行下标和列下标
    STATUS flag=TRUE;                               //二维数组对应的元素相等，九宫格相同
    for(i=0;i<MAXSIZE;i++)                          //行下标变化
    {
        for(j=0;j<MAXSIZE;j++)                      //列下标变化
            if(node1[i][j]!=node2[i][j])            //其中有一个元素不相等
            {
                flag=FALSE;                         //不相等
                break;                              //结束
            }
        if(flag==FALSE) break;                      //九宫格不相同
    }
    return flag;
}
```

② setvalue 将九宫格节点赋给其他节点，即复制过程。

```
void setvalue(NODE node1, NODE node2)   //节点（矩阵）赋值
{
    int i, j;                           //二维数组的行下标和列下标
    for(i=0;i<MAXSIZE;i++)              //对应二维数组元素的赋值
        for(j=0;j<MAXSIZE;j++)
            node1[i][j]=node2[i][j];
}
```

（2）显示九宫格。priNode 显示九宫格中的节点，即九宫格中的数字。

```
void priNode(NODE node)                    //显示节点（矩阵）
{
    int i, j;                              //二维数组的行下标和列下标
    for(i=0;i<MAXSIZE;i++)                 //按行下标显示
    {
        for(j=0;j<MAXSIZE;j++) printf("%5d", node[i][j]);    //按列下标显示
        printf("\n");                      //换行显示
    }
    printf("***********************\n");
}
```

（3）九宫格的空格定位与交换。

① Locate 确定空格的位置（空格用 zero 表示）。

```
STATUS Locate(NODE node, int *hori, int *vert, int zero)
{                                          //由节点获取所有子节点
    int i, j;                              //行下标与列下标
    STATUS flag=FALSE;
    for(i=0;i<MAXSIZE;i++)                 //行下标
    {
        for(j=0;j<MAXSIZE;j++)             //列下标
            if(node[i][j]==zero)           //zero 表示空格
            {
                *hori=i;                   //空格所在的行和列
                *vert=j;
                flag=TRUE;                 //找到空格，结束
                break;
            }
        if(flag==TRUE) break;              //找到空格，结束
    }
    return flag;                           //是否找到空格
}
```

② Exchange 给定坐标用于交换九宫格的两个数字。

```
void Exchange(NODE node, int hori1, int vert1, int hori2, int vert2)
{           //位置[hori1, vert1]的元素与位置 [hori2, vert2]的元素交换位置
    int tempnode;
    tempnode=node[hori1][vert1];           //交换九宫格的数字
    node[hori1][vert1]=node[hori2][vert2];
    node[hori2][vert2]=tempnode;
}
```

（4）相邻节点集合的生成。由于九宫格的节点数很多，节点之间的联系复杂，并且难以预先将九宫格的所有节点建立成文件和生成链式存储结构图，因此九宫格的节点及相邻节点的生成只能通过搜索过程中九宫格的当前节点状态（即 0 的位置）动态派生新的相邻节点集合，即 ExpandNodes 根据空格的位置派生出所有相邻节点。

```
NEIGHBOR ExpandNodes(NODE node, int zero)   //生成新的节点集合
{
    NEIGHBOR adjacents=NULL;                //所有派生的节点集合
    int h, v;                               //空格位置
    NODE tempnode;                          //临时节点
    if(!Locate(node, &h, &v, zero)) return adjacents;
                                 //没有找到空格位置，若找到空格则位置为h、v
    if(h==0&&v==0)                          //空格位置
    {
        Set(tempnode, node, SetValue);      //对九宫格的节点赋值
        Exchange(tempnode, h, v, h+1, v);   //交换位置
        adjacents=AddAnAdjacents(adjacents, tempnode); //收集新的节点
        Set(tempnode, node, SetValue);
        Exchange(tempnode, h, v, h, v+1);
        adjacents=AddAnAdjacents(adjacents, tempnode);
    }
    else if(h==0&&v==1)                     //空格位置
    {
        Set(tempnode, node, SetValue);      //对九宫格节的点赋值
        Exchange(tempnode, h, v, h, v-1);   //交换位置
        adjacents=AddAnAdjacents(adjacents, tempnode); //收集新的节点
        Set(tempnode, node, SetValue);
        Exchange(tempnode, h, v, h, v+1);
        adjacents=AddAnAdjacents(adjacents, tempnode);
        Set(tempnode, node, SetValue);
        Exchange(tempnode, h, v, h+1, v);
        adjacents=AddAnAdjacents(adjacents, tempnode);
    }
    else if(h==0&&v==2)                     //空格位置
    {
        Set(tempnode, node, SetValue);
        Exchange(tempnode, h, v, h, v-1);
        adjacents=AddAnAdjacents(adjacents, tempnode);
        Set(tempnode, node, SetValue);
        Exchange(tempnode, h, v, h+1, v);
        adjacents=AddAnAdjacents(adjacents, tempnode);
    }
    else if(h==1&&v==0)                     //空格位置
    {
        Set(tempnode, node, SetValue);
        Exchange(tempnode, h, v, h-1, v);
        adjacents=AddAnAdjacents(adjacents, tempnode);
        Set(tempnode, node, SetValue);
        Exchange(tempnode, h, v, h+1, v);
        adjacents=AddAnAdjacents(adjacents, tempnode);
        Set(tempnode, node, SetValue);
        Exchange(tempnode, h, v, h, v+1);
```

```
        adjacents=AddAnAdjacents(adjacents, tempnode);
    }
    else if(h==1&&v==1)                      //空格位置
    {
        Set(tempnode, node, SetValue);
        Exchange(tempnode, h, v, h-1, v);
        adjacents=AddAnAdjacents(adjacents, tempnode);
        Set(tempnode, node, SetValue);
        Exchange(tempnode, h, v, h+1, v);
        adjacents=AddAnAdjacents(adjacents, tempnode);
        Set(tempnode, node, SetValue);
        Exchange(tempnode, h, v, h, v-1);
        adjacents=AddAnAdjacents(adjacents, tempnode);
        Set(tempnode, node, SetValue);
        Exchange(tempnode, h, v, h, v+1);
        adjacents=AddAnAdjacents(adjacents, tempnode);
    }
    else if(h==1&&v==2)                      //空格位置
    {
        Set(tempnode, node, SetValue);
        Exchange(tempnode, h, v, h-1, v);
        adjacents=AddAnAdjacents(adjacents, tempnode);
        Set(tempnode, node, SetValue);
        Exchange(tempnode, h, v, h+1, v);
        adjacents=AddAnAdjacents(adjacents, tempnode);
        Set(tempnode, node, SetValue);
        Exchange(tempnode, h, v, h, v-1);
        adjacents=AddAnAdjacents(adjacents, tempnode);
    }
    else if(h==2&&v==0)                      //空格位置
    {
        Set(tempnode, node, SetValue);
        Exchange(tempnode, h, v, h-1, v);
        adjacents=AddAnAdjacents(adjacents, tempnode);
        Set(tempnode, node, SetValue);
        Exchange(tempnode, h, v, h, v+1);
        adjacents=AddAnAdjacents(adjacents, tempnode);
    }
    else if(h==2&&v==1)      //空格位置
    {
        Set(tempnode, node, SetValue);
        Exchange(tempnode, h, v, h-1, v);
        adjacents=AddAnAdjacents(adjacents, tempnode);
        Set(tempnode, node, SetValue);
        Exchange(tempnode, h, v, h, v-1);
```

```
        adjacents=AddAnAdjacents(adjacents, tempnode);
        Set(tempnode, node, SetValue);
        Exchange(tempnode, h, v, h, v+1);
        adjacents=AddAnAdjacents(adjacents, tempnode);
    }
    else if(h==2&&v==2)       //空格位置
    {
        Set(tempnode, node, SetValue);
        Exchange(tempnode, h, v, h-1, v);
        adjacents=AddAnAdjacents(adjacents, tempnode);
        Set(tempnode, node, SetValue);
        Exchange(tempnode, h, v, h, v-1);
        adjacents=AddAnAdjacents(adjacents, tempnode);
    }
    return adjacents;         //派生所有新的节点
}
```

（5）应用实例。给定九宫格的初始状态和目标状态，求解移动数字的过程，即求解路径。

```
void main()
{
    STACK stack=NULL;                                    //路径堆栈（线性表）
    PATH path=NULL;                                      //路径
    STATUS flag;                                         //是否找到路径的标识
    NODE start={{1, 2, 3}, {8, 4, 0}, {7, 6, 5}},    //初始状态
         end= {{1, 2, 3}, {8, 0, 4}, {7, 6, 5}};     //目标状态
    printf("Search from: \n");
    priNode(start);                                      //显示九宫格的初始节点
    printf("to:\n");
    priNode(end);                                        //显示九宫格的目标节点
    flag=SearchPath(start, end, &path, ZERO);        //搜索路径
    printf("Path:\n");
    RevPath(path);                                       //路径倒序
    priPath(path);                                       //显示路径
                                                         //路径长度，是否找到目标
    printf("\nStep=%ld, Status=%d\n", LengthOfPath(path)-1, flag);
    printf("=================\n");
    ClearPath(path);                                     //清空路径，回收路径空间
}
```

运行结果如图 3.14 所示，可以得到九宫格的初始状态和目标状态及其路径长度。由于求解路径（1928）较长，因此图 3.14 中只截取到达目标状态前的若干步。

需要特别说明的是：由于九宫格节点数很多（即 9!=362880 个节点），节点之间的联系复杂，并且难以预先将九宫格的所有节点建立成文件和生成链式存储结构，因此九宫格的节点及相邻节点的生成只能通过搜索过程中的九宫格的当前节点动态派生新的相邻节点集合。

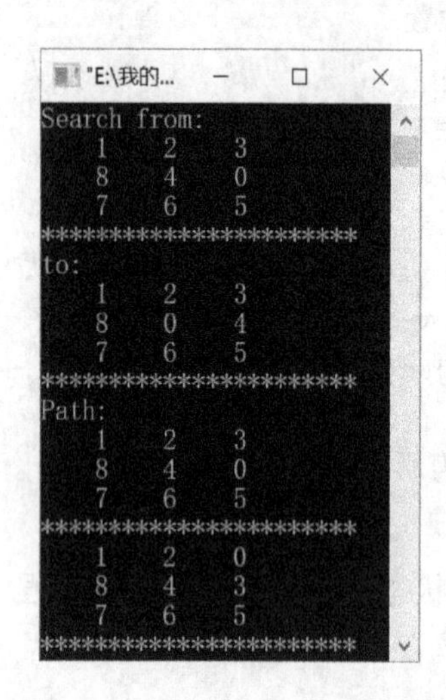

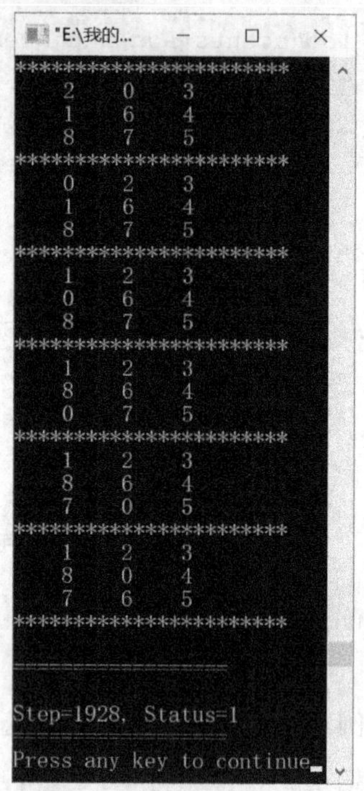

图 3.14 运行结果

3.4.4 针对九宫格基于递归的深度优先搜索

上述对九宫格的搜索是基于递推的深度优先搜索，采用堆栈保留推理过程的中间路径。对九宫格的搜索也以可采用基于递归的深度优先搜索，具体程序如下：

（1）递归子图搜索。SearchSubGraph 从当前节点开始搜索目标节点，得到求解路径和搜索路径。

```
STATUS SearchSubGraph(NODE current, NODE end,
PATH *path, PATH *searchpath, int zero)
{                                   //判断节点是否在图中，深度优先搜索，生成路径
    NEIGHBOR adjacents;             //当前节点的所有子节点
    STATUS flag=FALSE;              //是否搜索到目标节点的标识
    if(IsInPath(current, *searchpath)==TRUE)    //当前节点已在回路中
        return flag;
    if(Equal(current, end, equal)==TRUE)    //当前节点是目标节点
        flag=TRUE;
    else                                //当前节点不是目标节点（也不在回路中）
    {
        *searchpath=AddANodeToPath(current, *searchpath);
                                            //将当前节点加入到搜索路径中
        adjacents=ExpandNodes(current, zero);   //所有相邻节点
        while(adjacents)                    //依次遍历所有相邻节点
        {   //相邻节点不在搜索路径中
            if(IsInPath(adjacents->node, *searchpath)==FALSE)
            {   //继续搜索
```

```
                flag=SearchSubGraph(adjacents->node, end, path, searchpath, zero);
                if(flag==TRUE)                          //找到目标
                {                                       //将相邻节点加入到路径中
                    *path=AddANodeToPath(adjacents->node, *path);
                    break;                              //找到目标，无须再找
                }
            }
            adjacents=adjacents->next;                  //搜索其他相邻节点
        }
    }
    return flag;                                        //目标节点的存在性
}
```

（2）递归搜索求解路径。SearchPath 调用九宫格的求解路径（通过递归搜索求解），即从初始状态到目标状态的路径。

```
STATUS SearchPath(NODE start, NODE end, PATH *path, int zero)
                                    //判断节点是否在图中，深度优先搜索，生成路径
{
    STATUS flag;                    //目标是否存在的标识
    PATH searchpath=NULL;           //搜索路径，表示已判断过的路径（用于判断回路）
    flag=SearchSubGraph(start, end, path, &searchpath, zero);
                                    //从初始节点开始搜索
    if(flag==TRUE) *path=AddANodeToPath(start, *path);
                                    //路径存在，将初始节点加入到路径中
    ClearPath(searchpath);          //清空搜索路径
    return flag;                    //路径的存在性
}
```

对九宫格的搜索过程没有预先存储所有的可能解，这是更多问题的求解过程，但核心还是图的搜索。由于九宫格是连通图，实际上深度优先搜索的搜索路径也是求解路径，并且该路径较长，因此改用广度优先搜索策略对问题进行求解。下面介绍针对九宫格基于递归的广度优先搜索。

3.4.5　针对九宫格基于递归的广度优先搜索

（1）广度优先子图搜索。

```
STATUS SearchSubGraph(NODE current, NODE end, PATH *path1, PATH *searchpath,
                      NEIGHBOR *alladjacents1, PATHS *allpaths, int zero)
{                       //判断节点是否在图中，广度优先搜索，生成路径
    NEIGHBOR adjacents;                             //所有子节点
    NEIGHBOR alladjacents=*alladjacents1;           //搜索过程中的所有节点
    STATUS flag=FALSE;                              //是否从子图的子图中搜索到目标标识
    PATH path=NULL, locpath;
    PATHS paths=*allpaths;
    if(Equal(current, end, EqualFun)==TRUE) //子图的给定节点就是目标节点
    {
        flag=TRUE;                                  //该节点是目标节点
```

```
            *path1=AddANodeToPath(current, NULL);   //形成求解路径
        }   //当前节点不在搜索路径中
        else if(IsInPath(current, *searchpath)==FALSE)
        {   //加入节点，生成搜索路径
            *searchpath=AddANodeToPath(current, *searchpath);
            adjacents=ExpandNodes(current, zero);   //所有相邻节点
            //当前节点的所有相邻节点
            adjacents=DiffAdjacents(adjacents, *searchpath);
                                                    //排除在搜索路径中的相邻节点
            if(*allpaths==NULL)                     //开始搜索时，当前路径集合为空
            {
                path=AddANodeToPath(current, NULL); //生成第一条路径
                paths=FormPaths(adjacents, path);   //相邻节点集合与路径集合
                *allpaths=UnionPaths(*allpaths, paths);//路径集合合并，即收集路径集合
            }
            else                                    //不是刚开始搜索
            {
                locpath=LocatePath(current, *allpaths); //在路径集合中找到路径
                path=CopyPath(locpath);             //复制路径
                *allpaths=DelPathFromPaths(*allpaths, locpath);   //在路径集合中删除路径
                paths=FormPaths(adjacents, path);   //相邻节点集合与路径集合
                *allpaths=UnionPaths(*allpaths, paths);//路径集合合并，即收集路径集合
            }
            ClearPath(path);                        //清空路径
            ClearPaths(paths);                      //清空路径集合
            //合并当前搜索相邻节点到迄今为止的所有相邻节点集合（队列操作）
           *alladjacents1=UnionAdjacents(adjacents, *alladjacents1);
            alladjacents=*alladjacents1;    //依次遍历所有相邻节点（取队列头节点）
            while(alladjacents)             //依次遍历所有相邻节点
            {   //相邻节点不在搜索路径中
                if(IsInPath(alladjacents->node, *searchpath)==FALSE)
                {   //搜索子图的子图
                    flag=SearchSubGraph(alladjacents->node, end, path1,
                            searchpath, alladjacents1, allpaths, zero);
                    if(flag==TRUE)                  //子图目标存在
                    {
                        *path1=LocatePath(end, *allpaths);
                        break;                      //找到目标，无须再找
                    }
                }
                alladjacents=alladjacents->next;    //搜索其他相邻节点
            }
        }
        return flag;                                //目标节点的存在性
    }
```

3.5 本章小结

从本质上讲，图搜索也是树搜索，只是图搜索增加了排除回路以避免搜索过程无限循环这个步骤。搜索沿着既定的策略进行，即判断当前状态（节点）是否为目标状态（节点）。若当前状态不是目标状态（节点、顶点），则派生相邻（下一级）的所有状态（节点），并将其加入到堆栈（深度优先）或队列（广度优先）中，直至搜索到目标状态（节点、顶点）。若当前状态不是目标状态，则堆栈或队列为空，这个过程可以采用递推和递归的思路实现。通过对比搜索程序，实际上可以看出树的搜索是不带回路的有向图搜索。树和图分为显式和隐式两种。显式树和显式图的逻辑结构清晰，可以直接设计相应的存储结构，然后在存储结构上实现搜索算法。而隐式树和隐式图没有相应的存储结构，其在搜索过程中的下一级节点和相邻节点是实时动态生成的，但整个搜索过程与显式树和显示图的搜索过程相同。九宫格数字游戏的搜索过程就是无向隐式图的搜索，在程序实现上，采用抽象数据类型、函数过程的方法，确保代码保持最大复用性。九宫格数字游戏的路径求解只是在节点类型、节点比较、节点赋值和节点显示做了变化，其他过程与显示图的路径求解完全相同。由于采用盲目搜索策略，其实现搜索过程获取的求解路径与广度优先或深度优先策略、节点的存储结构（决定派生节点）及其相邻节点加入堆栈或队列顺序有关，因此同九宫格数字游戏一样，即使目标节点与初始节点很近，也可能需要搜索很长的路径，导致搜索过程使用的堆栈或队列的存储空间可能迅速增加，消耗计算机资源，这是可回溯算法不可避免的缺点。

习题 3

1. 说明显式树、显式图和隐式树、隐式图的基本概念和特点。
2. 通过图搜索和九宫格数字游戏路径的求解，解释为什么在实现上采用 NODE 和如下函数进行设计。

```
STATUS Equal(NODE n1, NODE n2, int *fun())          //抽象函数，比较
void Set(NODE n1, NODE n2, void *fun())             //抽象函数，赋值
STATUS equal(NODE node1, NODE node2)                //节点（矩阵）相同
void setvalue(NODE node1, NODE node2)               //节点（矩阵）赋值
```

3. 完成并实现以下程序语句。

```
void priBrothers(BROTHER br)                        //显示兄弟节点
void priGraph(GRAPH graph)                          //显示图
void priStack(STACK stack)                          //显示栈
void priPaths(struct PATHS *paths)                  //显示路径
long int LenghOfStack(STACK stack)                  //显示堆栈中的路径数
```

4. 将九宫格数字游戏改为十六宫格数字游戏并对其路径进行求解。
5. 迷宫路径求解：已知 $N\times M$ 的二维矩阵，矩阵元素为 1 或 0，其中 1 表示可行走，0 表示不可行走。行走方向最多为上、下、左、右。设元素[0, 0]=1 为入口，元素[N−1, M−1]=1 为出口。设计一个迷宫，并求解从入口到出口的路径。注：每个可行走的坐标[x, y]都是图中一个节点。
6. 通过对本章内容的理解，自行设计存储结构，实现基于递推和递归的图搜索的路径求解问题。

第 4 章

启发式搜索

在第 2 章和第 3 章关于树和图的搜索策略中，可以总结的特点有：除利用节点的邻接关系外，没有利用其他信息；在采用递推思路的程序中，需要明确设置堆栈，在采用递归思路的程序中需要借助堆栈，这两种搜索主要借助堆栈进行回溯点的保留以便进行回溯搜索，进而实现全空间搜索（遍历）；采用堆栈获得候选目标点（可能解的目标点）的方式是固定的，并且决定了搜索方向，但很难确定最优方向；路径的求解结果还与节点存储或生成顺序有关。这些特点确保只要目标存在便能找到（全空间搜索），但是求解的路径不一定是最优的，尤其利用堆栈保留中间节点可能出现耗尽计算机时间、空间资源的组合爆炸等问题，而使搜索（问题求解）无法继续进行，这些便构成可回溯、盲目搜索的特点。因此，在限制堆栈迅猛扩展的同时，又要确保全空间搜索成为问题关键。采用启发式信息是解决这个问题的有效方法之一。

4.1　启发式信息

4.1.1　启发式信息定义

状态空间问题求解可表示为 $<S, F, G>$，即从初始状态 S 经过一系列操作 F 到达目标状态 G 的过程。该过程可转化为树和图的搜索，问题状态对应树的节点和图的顶点（节点）。设当前状态为 x，那么从初始状态 S 到当前状态 x 的历史开销为 $g(x)$，即历史开销信息，当前状态 x 到目标状态 G 的未来开销为 $h(x)$，即未来开销信息。若当前状态 x 的历史开销 $g(x)$ 与未来开销 $h(x)$ 越小，则说明 x 是越好的当前状态。把这个双目标函数统一起来成为启发式信息函数 $E(x)$，记为

$$E(x)=\alpha g(x)+\beta h(x)$$

其中，一般情况下，α、$\beta \in [0, 1]$为权值，且 $\alpha+\beta=1$。若 $\alpha>\beta$，则历史开销信息起主要作用，偏向广度优先（过去越小越好）搜索；否则未来开销信息起主要作用，偏向深度优先（未来越小越好）搜索。因此，启发式搜索是深度优先搜索和广度优先搜索的一种综合、折中的搜索方式（综合考虑过去和未来，两者均越小越好）。

4.1.2　九宫格启发信息

九宫格数字游戏：九宫格内放置 1～8 个数字，保留一个空格（见图 2.2：初始状态和目标状态）。只有与空格相邻的数字才可以移动到空格内（见图 2.3）。九宫格中的每个方格均是一个状态。从图的角度理解，通过搜索策略可以实现从初始状态到目标状态的转化过程（空格逐步移动），即图的路径。

在实际应用中，启发式信息函数很难设计。以九宫格数字游戏为例，说明启发式信息函数的设计方法。设搜索九宫格数字游戏中的目标状态为 G（见图 4.1），将从初始状态 S 到当前状态 x（见图 4.1）经历了 g 步作为历史开销信息，而把当前状态 x 与目标状态 G 中不同数字的个数 h 作为未来开销信息。显然，g 与 h 越小，当前状态 x 就越好。由于 g 和 h 具有相同启发作用，因此简化 α 和 β，设 $\alpha=\beta=1$（相等权重），则启发式信息函数为

1	2	3
8	4	
7	6	5

x

1	2	3
8		4
7	6	5

G

图 4.1　当前状态与目标状态

$$E(x)= g(x) + h(x)$$

在图 4.1 中，此时 $h(x)=2$，即只有两个方格内的数字不同，但 $g(x)$从何处开始、操作了几步均未知，故此时的 $g(x)$是未知的。

4.2　启发式搜索路径求解

4.2.1　九宫格存储结构设计

本节设计新的九宫格节点类型如下，只是多了两个数据成员，用于描述启发信息，其他内容不变。

```
typedef int NODETYPE[MAXSIZE][MAXSIZE];        //九宫格类型
typedef struct
{
    NODETYPE node;
    float evaluate;             //与目标不符的方格数，记录未来开销信息 h
    double step;                //直到当前节点为止搜索过的步数，记录历史开销信息 g
} NODE;
```

由于节点类型 NODE 是结构体类型，而不再是之前的数组类型（实质是指针类型），并且结构体类型变量是变量，而不再是指针，因此为了解决获取结构体类型的变量值，采用结构体的指针类型，即 NODE *，通过间接访问形式传递含有启发式信息的九宫格节点及其启发式信息值。

4.2.2　启发式搜索实现

对九宫格的启发式搜索基本与第 3 章对九宫格的盲目搜索相同，只是启发式搜索需要进行启发式信息的传递与计算，并选取当前最优节点来派生新的节点，而不再采用堆栈的固定取节点方式，具体算法如下（只列出与第 3 章不同的代码，相同的代码不再赘述）：

（1）对九宫格的赋值。setvalue 实现对九宫格存储节点的赋值。

```
void setvalue(NODE *node1,NODE *node2)          //节点（矩阵）赋值
{
    int i,j;                                    //行下标的列下标
    for(i=0;i<MAXSIZE;i++)                      //行下标
        for(j=0;j<MAXSIZE;j++)                  //列下标
            node1->node[i][j]=node2->node[i][j];//对数组元素赋值
```

```
        node1->evaluate=node2->evaluate;        //启发信息
        node1->step=node2->step;
    }
```

（2）节点启发信息评估。Evaluate 计算两个状态的不同数字的个数，表示未来开销信息，并且返回数值。

```
    float Evaluate(NODE *node1, NODE *node2)    //两个状态中不同数字的个数
    {
        int i,j;                                //行下标与列下标
        float res=0;                            //数字不同的个数
        for(i=0;i<MAXSIZE;i++)                  //行下标
            for(j=0;j<MAXSIZE;j++)              //列下标
                if(node1->node[i][j]!=node2->node[i][j])
                    res++;                      //累加不同数字的个数
        return res;                             //返回数字的不同的个数
    }
```

EvaluateAdjacents 评价所有相邻节点的启发信息。

```
    void EvaluateAdjacents(NEIGHBOR adjacents, NODE *node, NODE *end)
    {                                   //根据当前状态和状态评估所有状态
        NEIGHBOR br=adjacents;
        while(br)                       //评估所有状态
        {
            br->node.evaluate=Evaluate(&(br->node),end); //与目标状态的差异
            br->node.step=node->step+1;                  //在当前状态深度加深
            br=br->next;
        }
    }
```

（3）对九宫格最优节点的获取。PopANode_Heuristic_by_Mini 弹出一个节点和路径，返回堆栈。

```
    STACK PopANode_Heuristic_by_Mini (STACK stack, NODE *node, PATH *path)
    {                                     //启发式搜索，退出堆栈，获取节点和路径
        STACK p=stack,p1=NULL,p2,p3;
        PATH tempath;                     //临时路径
        double ev=1e100;                  //足够小
        if(p==NULL) return stack;         //没有堆栈
        *path=NULL;                       //清空路径
        while(p!=NULL)                    //遍历堆栈
        {
            tempath=p->path;              //获取路径
                                          //启发式信息（历史和未来）比较
            if(tempath->node.evaluate+tempath->node.step<ev)
            {
                ev=tempath->node.evaluate+tempath->node.step;
                                          //更新最优启发式信息
                p2=p1;                    //下一个节点，评价值最优的节点
                p3=p;                     //当前节点
```

```
        }
        p1=p;                          //下一个节点
        p=p->next;                     //当前节点
    }
    tempath=p3->path;                  //当前节点的路径（最优当前节点）
    Set(node,&(tempath->node),SetValue);       //节点赋值
    *path=CopyPath(tempath);                   //复制路径，获取路径
    if(p3==stack)
        stack=p3->next;                //如图 4.2 所示
    else
        p2->next=p3->next;             //如图 4.3 所示
    free(p3);                          //回收当前路径
    return stack;                      //返回堆栈
}
```

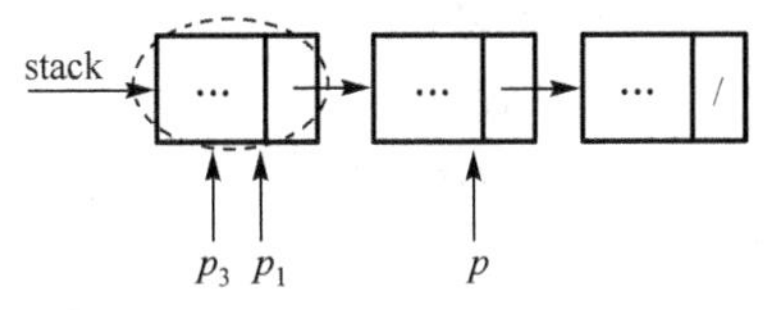

图 4.2　删除节点

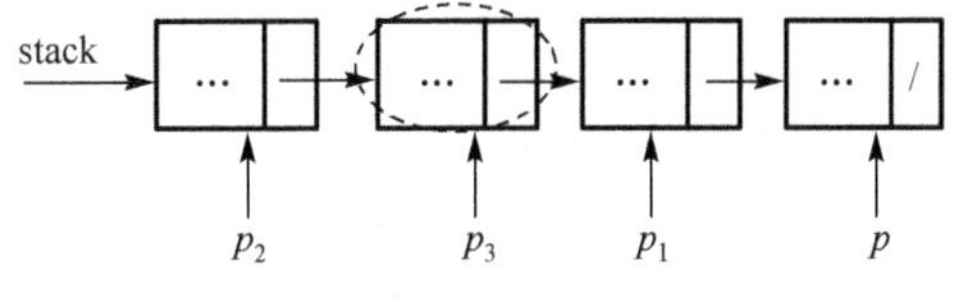

图 4.3　删除节点

这个程序虽然使用 STACK（堆栈类型），但实际上并没有按照堆栈的传统出栈操作（只在栈顶进行操作）进行，而是进行了一般线性表操作，即可以删除在链表中任意位置的节点。

（4）启发式搜索算法。SearchPath 根据启发式信息引导搜索，获取九宫格的求解路径，该路径表示数字的移动过程。

```
STATUS SearchPath(NODE *start, NODE *end,PATH *path,int zero)
{                                          //判断节点是否在图中，并获取路径
    NODE node;                             //节点
    NEIGHBOR adjacents;                    //相邻节点集合
    STACK stack=NULL;                      //线性空间
    STATUS flag=FALSE;                     //搜索是否成功（是否找到目标节点）
    PATH tempath=NULL;                     //临时路径
    struct PATHS *paths=NULL;              //生成新的路径集合
    start->step=0;                         //设置初始搜索的深度
    start->evaluate=Evaluate(start,end);           //将不相等数字的方格数初始化
    tempath=AddANodeToPath(start,tempath);         //形成路径
    stack=PushAPath(stack,tempath);                //路径进栈
    while(stack)                                   //有路径存在
    {
        tempath=ClearPath(tempath);                //清空路径
stack=PopANode_Heuristic_by_Mini(stack, &node, &tempath); //最优节点
        if(Equal(end, &node, EqualFun)==TRUE) //最优节点是否为目标节点
        {
            flag=TRUE;                             //最优节点是目标节点
            *path=CopyPath(tempath);               //获取路径
            break;                                 //退出求解
        }                                          //最优节点不是目标节点
```

```
        adjacents=ExpandNodes(&node,zero);  //搜索下一级所有节点
        EvaluateAdjacents(adjacents, &node, end);   //计算启发式信息的值
        paths=FormPathsFromNodes(adjacents, tempath, paths); //形成路径集合
        stack=PushPaths(stack, paths);        //所有新的路径进栈
        paths=ClearPaths(paths);              //清空所有路径
    }
    ClearStack(stack);                        //清空堆栈
    return flag;
}
```

（5）应用实例。给定九宫格初始状态和目标状态，求解移动数字的过程，即从初始状态到目标状态的求解路径。

```
void main()
{
    STACK stack=NULL;                              //路径堆栈
    PATH path=NULL;                                //路径
    STATUS flag;                                   //是否搜索到路径的标识
    NODE start={{{1, 2, 3},{8, 4, 5},{7, 0,6}}, 0,0},   //初始状态
         end= {{{1, 2, 3},{8, 0, 4},{7, 6, 5}}, 0, 0}; //目标状态
    printf("Search from: \n");                     //显示初始状态
    priNode(&start);
    printf("to:\n");                               //显示目标状态
    priNode(&end);
    flag=SearchPath(&start,&end,&path,ZERO); //求解路径
    printf("Path:\n");                             //显示路径
    RevPath(path);                                 //路径倒序
    priPath(path);                                 //显示路径
    printf("==================\n");
    ClearPath(path);                               //清空路径，回收路径空间
}
```

运行结果如图 4.4 所示。从运行结果可以得到初始节点（启发式信息值为 0)、目标节点（启发式信息值为 0）及其路径长度（2 个节点)。对比第 3.4 节中的深度优先搜索求解路径长度的方法（1928 个节点)。可以看出，在启发式信息引导下，很快就可以搜索到目标节点（路径短)。

上述搜索是启发式、可回溯、全局深度搜索。利用启发式信息引导搜索方向，借助堆栈（线性表）保留中间搜索节点确保可回溯。由于线性表保留了所有中间搜索节点，因此确保了全局性搜索。

在基于递归的广度优先搜索中，利用线性表（队列）在收集搜索过程中等待进一步判断的节点。只要改变九宫格节点的启发式信息评估和线性表（队列）取节点顺序，即可形成基于递归的启发式信息的路径搜索，不再赘述。

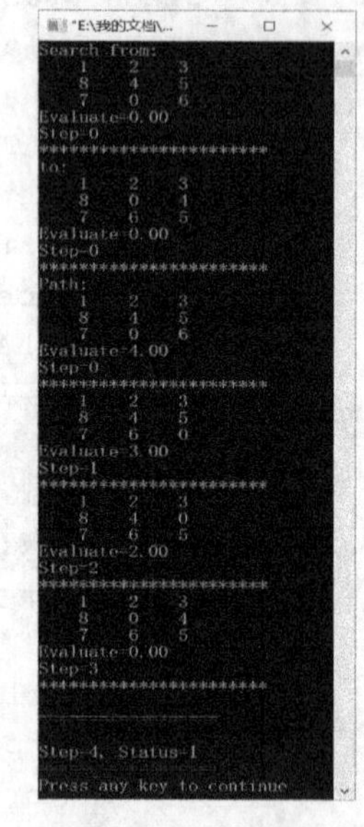

图 4.4　运行结果

4.3　不可回溯搜索

从盲目搜索（深度优先和广度优先）到启发式搜索，可以看出启发式搜索是为了限制堆栈或队列的扩展，以计算启发式信息为时间消耗代价获取空间资源的一种手段，但是整个搜索空间（范围）仍然是全空间（所有可能解构成的，也称为解空间），也就是只要目标节点在搜索空间内就能得到解，反之，目标不在搜索空间内就得不到解，因此在采用启发式搜索策略时，用于保留回溯节点（路径）的动态线性空间还是可能迅猛增长的，甚至还需要消耗计算启发式信息的时间。若不采用保留回溯节点（路径）的动态线性表，则无法构成回溯搜索策略，此时搜索空间就是空间的子集。

盲目搜索没有利用启发式信息来引导搜索方向，而是按照固定的深度优先或广度优先搜索方向进行搜索的。若采用不可回溯实现较困难，则很容易走到“死胡同”，也就不可能再进行搜索，因此尽管目标节点确实存在全空间中，但有可能找不到目标。而启发式搜索将启发式信息作为搜索方向引导，若采用不可回溯搜索可得到解的可能性要大得多，其每次搜索都是在派生节点中选取认为最有希望的节点作为下次搜索的方向，并放弃其他节点，也就是搜索空间小于全空间，而且求解的目标节点在搜索空间中的可能性很大。这就构成不可回溯启发式搜索算法。以九宫格数字游戏为例，实现不可回溯启发式搜索程序如下：

```
STATUS SearchPath(NODE *start, NODE *end, PATH *path, int zero)
{  //判断节点是否在图中，并求取路径
    NODE node;                                  //节点
    NEIGHBOR adjacents;                         //相邻节点集合
    STACK stack=NULL;                           //线性空间
    STATUS flag=FALSE;                          //搜索是否成功（是否找到目标节点）
    PATH tempath=NULL;                          //临时路径
    struct PATHS *paths=NULL;                   //生成新的路径集合
   start->step=0;                               //搜索深度
    start->evaluate=Evaluate(start,end);        //不相等数字的方格数
   tempath=AddANodeToPath(start,tempath);       //形成路径
   stack=PushAPath(stack,tempath);              //路径进栈
    while(stack)                                //有路径存在
    {
        tempath=ClearPath(tempath);             //清空路径
stack=PopANode_Heuristic_by_Mini(stack, &node, &tempath);   //最优节点
        if(Equal(end, &node, EqualFun)==TRUE) //最优节点是否为目标节点
        {
            flag=TRUE;                          //最优节点是目标节点
            *path=CopyPath(tempath);            //获取路径
            break;                              //退出求解
        }                                       //最优节点不是目标节点
        adjacents=ExpandNodes(&node,zero);  //下一级所有节点
        adjacents=EvaluateAdjacents(adjacents, &node, end);//计算启发式信息值
        paths=FormPathsFromNodes(adjacents, tempath, paths);//形成路径集合
        stack=ClearStack(stack);          //清空所有路径，实现不可回溯局部搜索
        stack=PushPaths(stack, paths);          //所有新的路径进栈
        paths=ClearPaths(paths);                //清空所有路径
```

```
    }
    ClearStack(stack);                                    //清空堆栈
    return flag;
}
```

其中，语句 stack=ClearStack(stack);的作用是清空堆栈（不再是堆栈或队列的操作方式，改成线性空间），进而实现不可回溯。若没有该语句，则该方法为可回溯启发式搜索算法。九宫格数字游戏应用实例的运行结果如图 4.5 所示，与第 4.2 节相同，但与可回溯启发式搜索的结果不同。

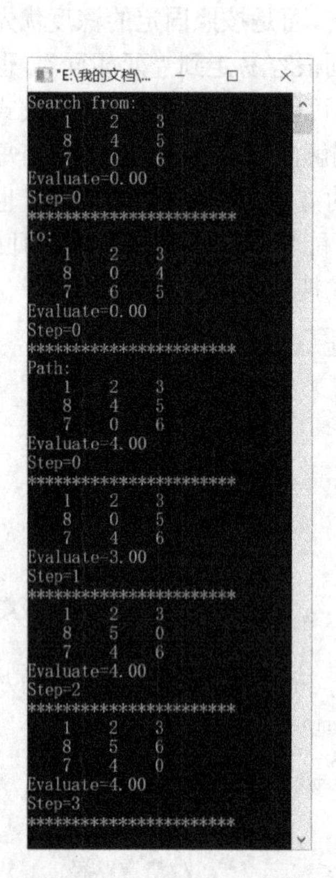

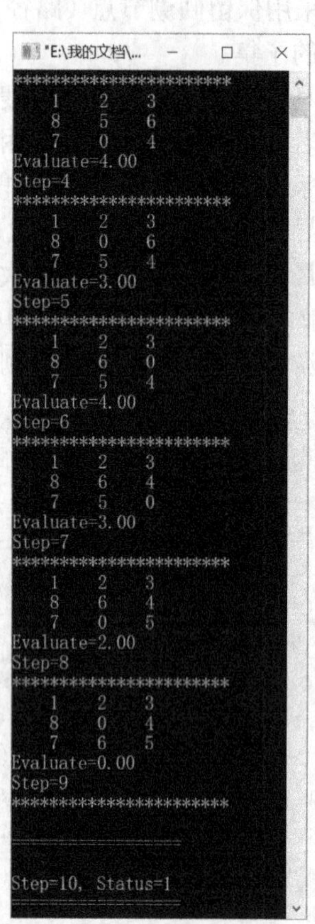

图 4.5　运行结果

4.4　局部最优搜索与全局最优搜索

可回溯、盲目搜索：只要目标存在，就能搜索到目标，但搜索效率较低，即搜索路径（搜索过程）长，求解的路径较长。

可回溯、启发式搜索：若目标存在，则能搜索到目标，且搜索效率较高，即搜索路径短，求解的路径较短。

不可回溯、启发式搜索：即使目标存在，也不一定能搜索到目标，在效率方面，求解的路径往往也不一定较短。

若将求解路径最优解作为评价标准，则上述算法都是局部最优搜索算法，其特点如下：

（1）搜索过程都是从当前节点的邻近节点作为下一步搜索方向，没有考虑相邻节点以外的节点，每步的搜索范围仅限于当前节点的一个邻域空间，而不是全域空间；

（2）求解目标节点明确，将获得的求解路径作为求解目标，但不将最短求解路径作为求解目标，即不要求将求解路径最优化，或者说不要求将求解目标最优化。

可回溯、盲目搜索和启发式搜索均通过线性空间（堆栈、队列）保留回溯节点（路径），具备回溯遍历所有节点、求解所有路径的基础。若搜索到目标节点后，则通过回溯节点（路径）进一步求解所有路径，并通过比较路径的长度来求解最短路径，进而达到全局最优求解路径，即全局最优解，这就是全局最优搜索策略。

以九宫格数字游戏为例，实现可回溯、盲目、全局最优路径搜索，实现代码如下：

```
STATUS SearchPath(NODE start, NODE end, PATH *path, int zero)
{                                        //判断节点是否在图中，并求解路径
    long int pathlength=(long int)1e5,templength;   //路径长度变量
    NODE node;
    NEIGHBOR adjacents;
    STACK stack=NULL;
    STATUS flag=FALSE;
    PATH tempath=NULL;
    struct PATHS *paths=NULL;
    tempath=AddANodeToPath(start,tempath);        //形成路径
    stack=PushAPath(stack,tempath);               //路径进栈
    while(stack)                                  //枚举所有路径
    {
        tempath=ClearPath(tempath);               //清空路径
        stack=PopANode(stack, node, &tempath);    //出栈，获得节点、路径
        if(Equal(end, node, EqualFun)==TRUE)      //是否找到目标节点
        {
            flag=TRUE;                            //找到目标节点
            templength=LengthOfPath(tempath);     //到目标节点路径的长度
            if(templength<pathlength)             //路径长度较短
            {
                pathlength=templength;            //更新路径长度（较短）
                ClearPath(*path);                 //放弃原有路径
                *path=CopyPath(tempath);          //获取更短路径
            }
            goto LOOP;            //无须展开目标节点，继续搜索其他节点、其他路径
        }
        adjacents=ExpandNodes(node,zero);         //下一级所有节点
        paths=FormPathsFromNodes(adjacents, tempath, paths); //形成路径集合
        stack=PushPaths(stack, paths);            //所有路径进栈
        paths=ClearPaths(paths);                  //清空所有路径
        LOOP:;
    }
    ClearStack(stack);                            //清空堆栈
    return flag;
}
```

该程序运行结果与可回溯、启发式搜索算法的结果相同，但是该程序耗时较长，主要是因为该程序采用遍历的方式，搜索所有可能的目标节点和所有路径，通过比较求取最短的路径。若在计算机内存较小的情况下，则求解过程无法持续进行。

4.5 本章小结

树和图的可回溯、盲目搜索是在全空间内（所有可能解）的搜索，其在搜索过程中借助堆栈或队列来保留回溯的节点或路径，这样可能大量消耗计算机的资源。若要降低堆栈或队列扩展的速度，则要尽快搜索到目标节点，因此可采用启发式搜索策略。启发式搜索策略就是在搜索过程中利用节点的历史开销信息和未来开销信息决定搜索方向，而不是采用堆栈或队列固定获取节点的方式。固定的搜索方式包括深度优先搜索和广度优先搜索。

启发式搜索与盲目搜索不同，其采用节点的启发式信息（包括历史开销信息和未来开销信息）来决定搜索方向，因此，搜索总是朝着目标节点的方向进行，进而有效控制保留搜索回溯节点的线性空间的扩展，用消耗计算启发式信息和获取最优节点（路径）的时间来减小线性空间的扩展。

启发式搜索策略采用保留回溯节点的线性空间，其搜索范围仍是全空间搜索，也就是只要目标节点存在就可以搜索到目标，因此，该策略并没有从根本上限制保留回溯节点的线性空间的扩展以及计算启发式信息的时间和空间开销。

在盲目搜索或启发式搜索策略中，不采用保留回溯的线性空间的搜索策略形成不可回溯搜索。不可回溯盲目搜索策略很难取得好的效果，这是因为采用固定搜索方向容易陷入死胡同，而永远不能搜索到目标节点。由于启发式搜索策略的搜索方向总是朝着目标节点进行的，因此不可回溯启发式搜索更有希望搜索到目标节点。实际上，不可回溯的搜索算法缩小了搜索空间，并且目标节点更有可能在搜索空间范围内，也就是若目标节点不在搜索空间范围内，则不可回溯启发式搜索也搜索不到目标节点，即不可回溯搜索策略也存在搜索不到目标节点的可能性。

可回溯盲目搜索、可回溯启发式搜索和不可回溯启发式搜索策略都是从当前节点的相邻节点作为进一步搜索的方向，其每次搜索的前进范围均没有超出相邻节点集合（所有相邻节点），也就是每次搜索范围并不是在整个搜索全空间内，因此，其求解路径未必是全局最优路径，即局部最优，这些算法都是局部的搜索算法。由于可回溯盲目搜索和可回溯启发式搜索均保留了可回溯节点（路径），通过回溯所有节点（路径）而遍历所有可能的求解路径，并通过比较来获取全局最短路径，即最优求解路径，进而获得全局最优求解路径。但是这种全局搜索策略往往由于保留过多的回溯点（路径）而消耗计算机的资源，使得搜索无法继续进行。

习题 4

1. 说明启发式搜索和启发式信息函数的设计原则。
2. 通过对图搜索和九宫格数字游戏的路径求解，解释为什么在实现上采用NODE和如下函数。

```
STATUS Equal(NODE *n1, NODE *n2, int *fun())      //抽象函数，比较
void Set(NODE *n1, NODE *n2, void *fun())         //抽象函数，赋值
STATUS equal(NODE *node1, NODE *node2)            //节点（矩阵）相等
void setvalue(NODE *node1,NODE *node2)            //节点（矩阵）赋值
```

3．实现以下程序。

```
void priStack(STACK stack)                  //显示栈
void priPaths(struct PATHS *paths)          //显示路径
```

4．迷宫路径求解：已知 $N \times M$ 的二维矩阵，矩阵元素为 1 或 0，其中 1 表示可行走，0 表示不可行走。行走方向为上、下、左、右。设元素[0, 0]=1 为入口，元素[$N-1, M-1$]=1 为出口。设计一个迷宫，并求解从入口到出口的路径。注：每个可行走的坐标[x, y]都是图中一个节点。设计一个启发式信息函数，求解迷宫的路径。

5．自驾游路径求解：设计一张地图，节点由地名组成，节点间的距离已知。给定起点和终点，求解自驾游的最短路径。注：启发式信息函数应包含直线距离、方向等信息。

6．利用不可回溯启发式搜索算法实现迷宫路径求解和自驾游路径求解。

7．利用可回溯盲目搜索算法实现全局最优迷宫路径求解。

8．利基于递归的思想实现不可回溯的盲目搜索和启发式搜索以及全局最优路径求解。

第5章

局部最优搜索

第2章、第3章和第4章介绍的搜索算法的主要思想是：若判断当前节点不是目标节点，则从当前节点派生相邻的所有节点，再以某种策略从相邻节点集合中选取一个节点作为搜索的前进方向，搜索的范围均是相邻节点，并没有更大范围的搜索，故这些搜索算法是局部搜索算法。根据选取不同相邻节点的策略，搜索算法可分为盲目搜索和启发式搜索。

这些搜索算法的搜索目标是明确的，如九宫格数字游戏的目标直接给定，这些搜索目标就是显式目标。对显式目标的搜索主要是求解从初始节点到目标节点的路径，即求解路径。这类搜索主要针对实际问题的求解过程，即怎样做，如九宫格数字游戏如何从初始状态逐次移动空格直至到达目标状态。

对于有些问题无法给出明确的目标，但其中目标存在，只能给出目标的衡量准则或判定准则，这些搜索目标是隐式目标。对隐式目标的搜索主要是求解目标形式或数值，即求解目标。这类搜索主要针对求解实际问题，即做什么，如求解旅行商最短路径的组合形式，并不关注求解过程（求解路径）。下面介绍不可回溯、求解隐式目标的局部最优搜索算法。

5.1 局部最优搜索过程

局部最优搜索过程如图5.1所示，其描述如下：

输入：初始化当前节点 n_0。

输出：最优当前节点 n_0。

① 通过评估函数 f 评估当前节点 n_0；　　　　//计算 $f(n_0)$

② 由当前节点 n_0 派生所有最近邻节点集合 $Ns=\{n_i|i=1,2,\cdots,m\}$；

③ 选取最近邻节点 n_i，并令 $Ns=Ns-\{n_i\}$；　　//更新更小的最近邻节点集合

④ If 最近邻节点评估值 $f(n_i)$ 优于当前节点评估值 $f(n_0)$　Then

　　当前节点 n_0 更新为 n_i，并清空最近邻节点集合 $Ns=\Phi$，goto ①；　//继续搜索

　Else　　　　　　//最近邻节点评估值 $f(n_i)$ 不优于当前节点的评估值 $f(n_0)$

　　If 判断最近邻节点集合 Ns 为空　Then

　　　当前节点 n_0 为最优节点，　goto ⑤；　　//结束搜索

　Else

　　goto ③；　　　　//继续从最近邻节点集合 Ns 中选取其他最近邻节点 n_i

⑤ 当前节点 n_0 为最优节点　　　　　　//获得最优节点

可以看到，在整个搜索过程中并没有搜索目标的具体形式，但存在搜索目标的评价标准，

即当前节点与其所有最近邻节点比较是最优的，或者说所有最近邻节点没有比当前节点更优的。在搜索过程中，没有保留搜索回溯的节点空间，该算法是不可回溯算法。在整个搜索过程中，关注搜索目标，以节点的评估函数值为启发式信息引导搜索的前进方向，并没有要求搜索路径和求解路径是最优的，即若$f(n_i)$优于$f(n_0)$，则n_i就是搜索方向，但并没有要求$f(n_i)$是最优的，即不关注搜索路径和求解路径。在整个搜索过程中，当前节点只与自己最近邻节点相比较，而不与更大范围的节点相比较，故该搜索是局部搜索。总之，这种搜索算法的特点是局部最优的、启发式的、不可回溯的搜索算法。

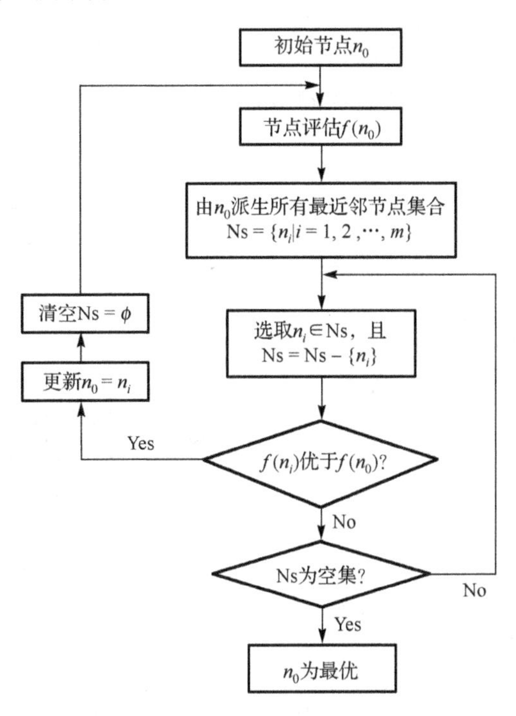

图 5.1　局部最优搜索过程

5.2　局部最优搜索实现

下面通过旅行商最短路径求解和连续函数极值求解两个例子来说明局部最优搜索算法的应用与实现。

5.2.1　旅行商最短路径求解

城市A、B、C、D、E两两直接互联，城市之间的关系与具体距离如图 5.2 所示。旅行商从一个城市（如A）出发，到访所有城市，而且每个城市只到访一次，最后再回到该城市（如A），求解旅行商所走的最短路径，即依次到访的城市顺序。不同顺序的城市组合都是一个可能解，采用相应的搜索策略求解最优解。旅行商最短路径是隐式目标，每个目标都是搜索图的一个节点。

（1）城市地图表示与存储结构设计。城市地图的存储包括两个城市及其两者之间的距离，故采用以下顺序存储更合适。

```
#define MAXSIZE 20                              //城市名称的长度
#define CITYNUM 5                               //城市数量
#define ArcNum (CITYNUM-1)*CITYNUM/2           //城市连接边数，双向图
typedef char CITYNAME[MAXSIZE];                 //城市名称
typedef struct ARCTYPE                          //城市连接边类型
{
    CITYNAME v, u;                              //两个城市
    float distance;                             //两个城市的距离
} *MAPGRAPH;                                    //地图类型
MAPGRAPH map;
```

注意：指针变量 map 指向一个具有 ArcNum 个类型为 ARCTYPE 的连续存储数据单元（见图 5.3）。

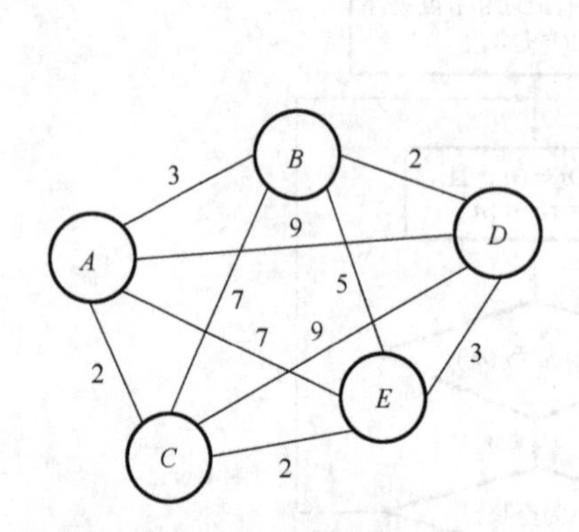

图 5.2　城市之间的关系与具体距离

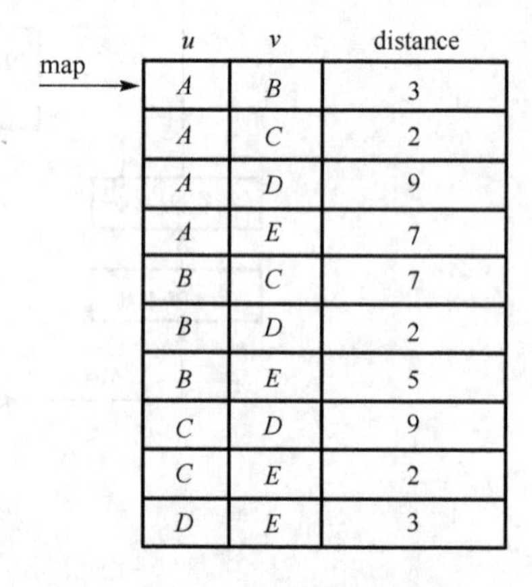

map

u	*v*	distance
A	*B*	3
A	*C*	2
A	*D*	9
A	*E*	7
B	*C*	7
B	*D*	2
B	*E*	5
C	*D*	9
C	*E*	2
D	*E*	3

图 5.3　城市存储结构

（2）旅行商路径表示与存储结构设计。旅行商到访城市的顺序构成旅行商路径。除出发城市外，旅行商路径中的城市不可重复。可用以下顺序存储结构表示和存储该路径。

```
typedef struct
{
    CITYNAME city[CITYNUM+1];           //旅行商路径（城市序列）
    float globaldistance;               //旅行商走过城市的总长度
} TRAVELPATH;                           //旅行商路径类型
```

旅行商路径类型包括到访城市名称和路径总长度。由于出发城市和终点城市是同一个城市，因此，旅行商路径长度为城市数量+1，即 CITYNUM+1。如：

```
TRAVELPATH trapath={{"A","D","E","C","B","A"},24};
```

其中 trapath 为旅行商路径变量，trapath.city[1]为城市 *D*，trapath.globaldistance 为 24，表示旅行商从城市 *A* 出发，经过城市 *D*、*E*、*C*、*B* 后回到城市 *A* 的总长度。

（3）两个城市之间的距离与旅行商路径的总长度。

① dist 获取两个城市之间的距离。

```
float dist(MAPGRAPH map, CITYNAME u, CITYNAME v)     //两个城市之间的距离
{
    float dis=0;                                      //将距离初始化
```

```
    int i;                                      //循环控制变量
    for(i=0;i<ArcNum;i++)          //城市地图为无向图，即所有边是双向的，遍历地图
        if((strcmp(map[i].u,u)==0&&strcmp(map[i].v,v)==0)    //正向存储
          ||(strcmp(map[i].u,v)==0&&strcmp(map[i].v,u)==0))  //逆向查找
        {
            dis=map[i].distance;                //更新（找到）两个城市之间的距离
            break;
        }
    return dis;                                 //两个城市之间的距离
}
```

② TraPathDis 计算旅行商路径的总长度。

```
void TraPathDis(MAPGRAPH map, TRAVELPATH *trapath) //旅行商路径的总长度
{
    float dis=0;                                //将距离初始化
    int i;                                      //循环控制变量
    for(i=0;i<CITYNUM;i++)                      //所有城市
        dis+=dist(map,trapath->city[i],trapath->city[i+1]); //两个城市之间的距离
    trapath->globaldistance=dis;                //求得路径的总长度
}
```

（4）路径复制与新路径生成。

① CopyTraPath 复制旅行商路径，即路径的复制与赋值。

```
void CopyTraPath(TRAVELPATH *trapath, TRAVELPATH *newtrapath)
{              //复制旅行商路径
    int i;                                          //循环控制变量
    for(i=0;i<CITYNUM+1;i++)                        //复制每个城市
        strcpy(newtrapath->city[i],trapath->city[i]);
}
```

② ExchangeCityForTraPath 交换旅行商路径中两个城市进而形成新的路径。

```
void ExchangeCityForTraPath(TRAVELPATH *trapath, int loci, int locj)
{                                               //在旅行商路径中交换两个城市
    CITYNAME temp;
    strcpy(temp,trapath->city[loci]);               //交换两个城市名
    strcpy(trapath->city[loci],trapath->city[locj]);
    strcpy(trapath->city[locj],temp);
}
```

（5）由当前路径派生所有新路径并将其回收。

① 在旅行商路径中，除出发城市和终点城市外，旅行商路径中任意交换两个城市就生成一条新的路径。根据城市总数 CITYNUM，旅行商路径可派生的路径总数为 NEIGHBORNUM，定义如下：

```
#define NEIGHBORNUM ((CITYNUM-1)-1)*(CITYNUM-1)/2   //可派生旅行商路径数
```

② 已知当前旅行商路径 trapath，其派生最近邻的所有路径，对应的程序如下：

```
TRAVELPATH *ExpandTraPaths(MAPGRAPH map,TRAVELPATH *trapath)
{                                                   //给定路径并派生其邻近所有路径
    CITYNAME *trapath1, temp;
    int i, loci, locj;                              //循环控制变量，城市位置变量
    TRAVELPATH *neighbors;                          //派生所有最近邻路径
                                        //分配足够存储派生旅行商路径的连续存储单元
    neighbors=(TRAVELPATH *)malloc(sizeof(TRAVELPATH)*NEIGHBORNUM);
    for(i=0;i<NEIGHBORNUM;i++)                      //复制路径
        CopyTraPath(trapath, &neighbors[i]);        //复制 NEIGHBORNUM 次当前路径
    for(i=0,loci=1;loci<CITYNUM-1;loci++)           //所有交换位置
        for(locj=loci+1;locj<CITYNUM;locj++)
        {                               //交换所有可能路径中的两个城市，生成派生路径
            ExchangeCityForTraPath(&neighbors[i], loci, locj);
                                                    //交换 loci 与 locj 两个城市
            TraPathDis(map, &neighbors[i]);         //派生路径的长度
            i++;                                    //旅行商的下一条路径
        }
    return neighbors;                               //所有派生路径
}
```

③ ClearAllTraPaths 清除所有旅行商路径。

```
void ClearAllTraPaths(TRAVELPATH *neighbors)    //回收所有派生最近邻旅行商路径
{
    free(neighbors);                            //回收数据单元
}
```

（6）旅行商路径初始化

给定出发城市，随机产生旅行商路径，即生成随机的搜索空间的起始节点。

```
void InitTraPath(MAPGRAPH map,CITYNAME cities[CITYNUM],
                 CITYNAME start,TRAVELPATH *trapath)
{
    int i,j=0,k,n;
    CITYNAME cs[CITYNUM-1],temp;                    //除出发城市外的所有城市
    for(i=0;i<CITYNUM;i++)                          //所有城市
        if(strcmp(cities[i],start)!=0)              //去除出发城市(也是终点城市)
            strcpy(cs[j++],cities[i]);              //保留除出发城市外的其他城市
    strcpy(trapath->city[0],start);                 //旅行商的出发城市
    strcpy(trapath->city[CITYNUM],start);           //旅行商的终点城市
    srand((unsigned)time(NULL));                //当前计算机时间为随机数种子
    n=rand()%(CITYNUM-1);                       //0～CITYNUM-2 随机数构成循环次数
    for(i=0;i<n;i++)                            //随机循环 CITYNUM-1 次
    {                                       //形成旅行商随机路径，即搜索空间的随机节点
        j=rand()%(CITYNUM-1);                   //随机数的下标为 0～CITYNUM-2
        k=rand()%(CITYNUM-1);                   //随机数的下标为 0～CITYNUM-2
        if(j==k) continue;                      //下标相同，无须交换
        strcpy(temp,cs[j]);                     //下标不同，交换城市
        strcpy(cs[j],cs[k]);
```

```
        strcpy(cs[k],temp);
    }
    for(i=1;i<CITYNUM;i++)        //形成旅行商随机路径，即搜索空间的随机节点
        strcpy(trapath->city[i],cs[i-1]); //放回旅行商路径中
    TraPathDis(map, trapath);          //旅行商路径的总长度
}
```

（7）旅行商最短路径求解。给定地图和初始旅行商路径，求解旅行商最短路径，即在搜索空间中搜索最短路径。

```
void SearchResult(MAPGRAPH map,TRAVELPATH *trapath, TRAVELPATH *trapathres)
{
    TRAVELPATH *neighbors;                    //所有派生的旅行商路径
    STATUS flag=FALSE;                        //默认当前最小
    int i;
    CopyTraPath(trapath,trapathres);          //复制旅行商初始路径
    TraPathDis(map,trapathres);               //计算路径的总长度
    while(TRUE)                               //无限搜索
    {
        neighbors=ExpandTraPaths(map,trapathres); //产生旅行商所有邻近路径集合
        for(i=0;i<NEIGHBORNUM;i++)            //逐一比较判断旅行商路径
            if(trapathres->globaldistance>neighbors[i].globaldistance)
            {        //当前旅行商路径的长度比某个邻近路径的长度长，但不一定是最长的
                flag=TRUE;                    //找到邻近更短的旅行商路径
                CopyTraPath(&neighbors[i],trapathres);  //更新更短的旅行商路径
                TraPathDis(map,trapathres);         //更新更短旅行商路径的长度
                break;
            }
        if(flag==TRUE)                        //邻近更短的旅行商路径
            flag=FALSE;                       //再次查找
        else                                  //当前的旅行商路径是最短的
            break;                            //无须再搜索求解
        ClearAllTraPaths(neighbors);          //清除所有邻近旅行商路径
    }
}
```

（8）应用实例。综合上述各函数形成完整的最优旅行商路径（最短路径求解）。

```
void main()
{
    int i,j,k;
    CITYNAME cities[CITYNUM]={"A","B","C","D","E"}; //城市集合
    struct ARCTYPE map[ArcNum]={{"A","B",3},{"A","C",2},
                                {"A","D",9},{"A","E",7},
                                {"B","C",7},{"B","D",2},
                                {"B","E",5}, {"C","D",9},
                                {"C","E",2},{"D","E",3}};
                                                   //城市地图
    for(i=0;i<2;i++)                               //求解 2 次最短旅行商路径
```

```
        {
            InitTraPath(map,cities,"A",&trapath);    //初始化旅行商路径
            printf("Init Path:");                    //显示旅行商路径
            priTraPath(trapath);
            SearchResult(map,&trapath,&trapathres); //最短旅行商路径的求解
            printf("Result Path:");                  //显示旅行商路径
            priTraPath(trapathres);
        }
    }
```

运行结果如图 5.4 所示。可以发现有两条最短旅行商路径。这与旅行商路径的初始化有关，即与搜索图中的搜索起始节点有关。

```
Init Path:A=>B=>C=>E=>D=>A
Global Distance=24.00
Result Path:A=>B=>D=>E=>C=>A
Global Distance=12.00
Init Path:A=>B=>C=>D=>E=>A
Global Distance=29.00
Result Path:A=>C=>E=>D=>B=>A
Global Distance=12.00
Press any key to continue
```

图 5.4　运行结果

每个旅行商路径都是搜索图中的节点，旅行商所有路径及其相邻路径集合构成整个搜索图。由于没有对搜索图进行预先存储，因此这个搜索图是隐式搜索图。这类搜索关注的重点是求解目标，而不是求解过程（搜索路径、求解路径）。这类搜索具有以下特点：

（1）整个目标求解过程就是对一个隐式图的搜索过程，即旅行商的邻近路径集合是动态生成的；

（2）采用启发式搜索，其启发式信息就是旅行商路径的长度。搜索方向就是邻近更短旅行商路径长度的旅行商路径；

（3）每步的搜索范围都是当前旅行商路径的直接最近邻旅行商路径集合，搜索范围不是全搜索空间（即局部搜索），搜索目标与初始旅行商路径有关；

（4）没有采用线性表作为回溯点的保留空间，整个搜索过程是不可回溯的，具有高效的特点，但是无法进一步求解其他目标。

上述内容是基于递推思路实现的局部最优搜索，也可以采用基于递归思路实现局部最优搜索，伪代码描述如下：

```
Search(n0)                //局部最优搜索
Ns=Expands(n0)            //由当前节点n0派生出所有最近邻节点集合Ns={ni|i=1,2,…,m}
For ∀ni∈Ns                //所有最近邻节点
    If ∃ni, f(ni)<f(n0)  Then //存在评估值更小的节点ni
        n0=Search(ni)         //递归继续搜索
    Else
        break                 //不存在评估值更小的最近邻节点，结束求解
    End if
End for
Return n0                     //获得最优节点
```

可以看出，基于递归的局部搜索更加清晰，有关代码实现请读者自己完成。

5.2.2　多元函数极值求解

旅行商最短路径求解是对隐式图的搜索，类似问题求解为组合优化。除上述特点外，组合优化还针对离散问题，也就是类似旅行商路径数、当前路径的最近邻路径数等都是有限的，其

全空间、搜索空间都是有限的。对连续函数极值（全局最大或最小）的求解也可以采用图搜索策略，这类问题的节点无穷多，并且全空间和搜索空间均是无穷的，故可采用近似离散逼近方法对问题进行求解。下面通过一个例子介绍此类函数优化问题。

（1）多元多峰值函数，二元三峰函数，如图 5.5 所示。

$$y = 3(1-x_1)^2 \mathrm{e}^{-x_1^2-(x_2+1)^2} - 10\left(\frac{x_1}{5} - x_1^3 - x_2^5\right)\mathrm{e}^{-x_1^2-x_2^2} - \frac{1}{3}\mathrm{e}^{-(x_1+1)^2-x_2^2}$$

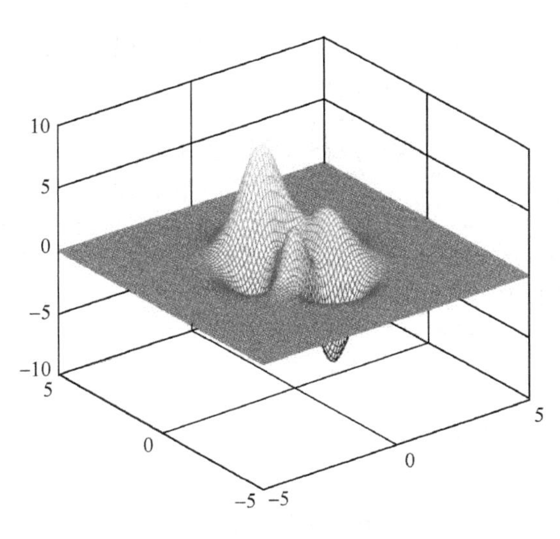

图 5.5　二元三峰函数

自变量 x_1 和 x_2 的区间为[−5,5]，因变量 y 的区间为[−10,10]，三个极大值的坐标分别为（0.005008, 1.578, 8.104），（−0.4558, −0.626, 3.776），（1.227, 0.005008, 3.592），其中三个分量对应（x_1, x_2, y）。需要说明：这三个极大值是通过在 Matlab 图像上单击鼠标获取的，存在一定精度误差。多元函数最优解的实现代码如下：

```
#include "math.h"
double fun(double x1, double x2)          //待求解的函数
{
    double y;
    y=3*(1-x1)*(1-x1)*exp(-(x1*x1)-(x2+1)*(x2+1))
          -10*(x1/5-x1*x1*x1-x2*x2*x2*x2*x2)*exp(-x1*x1-x2*x2)
          - exp(-(x1+1)*(x1+1)-x2*x2) /3;
    return y;
}
```

（2）搜索节点的表示与存储结构设计。

```
typedef struct                          //三维数据表示、存储空间节点
{
    double x1, x2, y;                   //三维空间坐标
} POINT;                                //三维空间坐标类型（搜索空间节点类型）
```

（3）派生最近邻节点集与存储单元回收。

```
#define LEFT -5                         //区间左边界
```

```
#define RIGHT 5                                 //区间右边界
#define NEIGHBORNUM 8                           //最近邻 8 个节点
```

① Expand 派生最近邻的 8 个节点。

```
POINT *Expand(POINT point, double delta, double (*fun)())
{                                               //给定当前节点派生邻近节点
    int i=0;
    double x1, x2;
    POINT *neighbors;                           //最近邻节点的存储单元
    neighbors=(POINT *)malloc(sizeof(POINT)*NEIGHBORNUM);
    for(x1=point.x1-delta;x1<=point.x1+delta;x1+=delta)//当前节点的 8 个方向
        for(x2=point.x2-delta;x2<=point.x2+delta;x2+=delta)//固定步长 delta
        {                                       //当前节点不作为派生邻近节点
          if(fabs(point.x1-x1)<1e-10&&fabs(point.x2-x2)<1e-10) continue;
          neighbors[i].x1=x1<LEFT?LEFT:(x1>RIGHT?RIGHT:x1);//节点在区间内
          neighbors[i].x2=x2<LEFT?LEFT:(x2>RIGHT?RIGHT:x2);
          neighbors[i].y=fun(x1,x2);                        //区间内的函数值
          i++;
        }
    return neighbors;                           //所有派生邻近节点
}
```

② ClearAllNeighbors 回收节点的数据存储单元。

```
void ClearAllNeighbors(POINT *neighbors)  //动态开辟存储空间并回收
{
    free(neighbors);
}
```

（4）随机初始化搜索节点。InitPoint 随机初始化搜索起始节点。

```
void InitPoint(POINT *point)
{                                                   //随机给定初始节点及其函数值
    srand((unsigned)time(NULL));                    //当前计算机时间为随机数种子
    point->x1=rand()%(int)(RIGHT-LEFT)+LEFT;  //随机数在区间[LEFT,RIGHT]内
    point->x2=rand()%(int)(RIGHT-LEFT)+LEFT;  //随机数在区间[LEFT,RIGHT]内
    point->y=fun(point->x1,point->x2);              //函数值
}
```

（5）局部最优搜索实现。

```
#define TRUE 1                                      //符号常量，真
#define FALSE 0                                     //符号常量，假
typedef int STATUS;                                 //真假逻辑类型
//SearchResult_by_Mini 求解函数的最优值。
void SearchResult_by_Mini(double delta, double (*fun)(),POINT *result)
{       //根据搜索步长 delta 求解函数 fun，求解局部最优结果 result
    STATUS flag=FALSE;                              //默认当前最小
    POINT point, *neighbors;                        //当前节点、派生最近邻节点集合
    int i;
```

```
        InitPoint(&point);                      //随机初始化起始节点
        printf("Init Fun(%lf,%fl)=%lf\n", point.x1, point.x2, point.y);
                                                //显示初始节点的坐标值
        while(TRUE)                             //无限搜索求解
        {
            neighbors=Expand(point, delta, fun);    //所有邻近节点
            for(i=0;i<NEIGHBORNUM;i++)          //逐一比较判断
                if(point.y<neighbors[i].y)      //当前函数值小于邻近节点的值
                {                               //当前函数值小于某个邻近节点的值
                    flag=TRUE;                  //找到更小的邻近节点的值
                    point=neighbors[i];         //更新当前节点
                    break;                      //不再比较其他邻近节点的值
                }
            if(flag==TRUE)                      //邻近节点的值更小，需继续查找
                flag=FALSE;                     //再次查找当前节点
            else                                //当前函数值最小
                break;                          //无须再求解
            ClearAllNeighbors(neighbors);       //清除所有邻近节点
        }
        *result=point;                          //当前节点的值为最优结果
    }
```

（6）应用实例。综合上述各函数，实现函数最大函数值的求解。

```
    void main()
    {
        POINT result;
        double delta=0.0001;                            //搜索步长
        int i,j,k;
        for(i=0;i<5;i++)                                //求解5次最大极值
        {
            SearchResult_by_Mini(delta, fun, &result);  //搜索求解
            printf("Resu printf("Resu Fun(%lf,%lf)=%lf\n",  //显示求解坐标
            result.x1,result.x2,result.value);
            printf("=================\n");
            for(j=0;j<32767;j++)  for(k=0;k<32767;k++);//延时，产生不同随机数种子
        }
    }
```

运行结果如图5.6所示。从运行结果看，关于5次函数的极大值求解会出现3个结果，大体逼近函数的3个极大值。这种极值求解具有以下特点：

（1）在解析几何空间中连续函数有无穷多个点，故以解析几何的空间点作为搜索全空间节点也是无穷的。这个搜索图是隐式图，无法预先进行存储；

（2）解析几何的空间点对应搜索图的节点，且一一对应。在搜索过程中，虽然涉及的最近邻域也是无穷的，但是采用有限的采样点作为当前最近邻节点，这是离散采样处理，而且当前节点的最近邻域是有限的，整个搜索过程局部搜索；

（3）连续离散处理使得搜索最优结果只是一个近似解，其精度与搜索步长紧密相关；

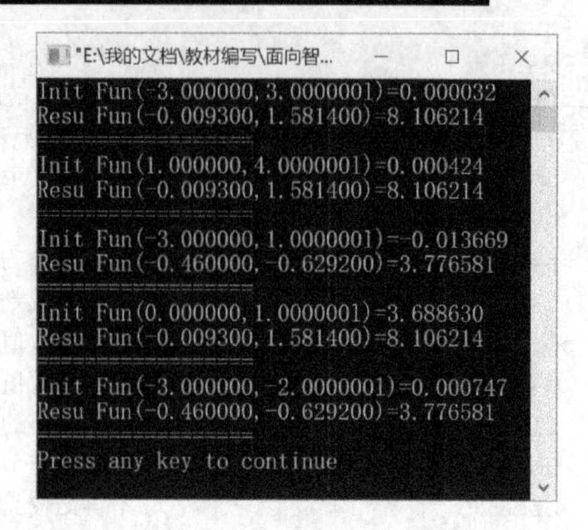

```
Init Fun(-3.000000,3.0000001)=0.000032
Resu Fun(-0.009300,1.581400)=8.106214

Init Fun(1.000000,4.0000001)=0.000424
Resu Fun(-0.009300,1.581400)=8.106214

Init Fun(-3.000000,1.0000001)=-0.013669
Resu Fun(-0.460000,-0.629200)=3.776581

Init Fun(0.000000,1.0000001)=3.688630
Resu Fun(-0.009300,1.581400)=8.106214

Init Fun(-3.000000,-2.0000001)=0.000747
Resu Fun(-0.460000,-0.629200)=3.776581

Press any key to continue
```

图 5.6　运行结果

（4）局部搜索使得在求解过程中出现多个解，即局部最优解，很难一次获得全局最优解，这与搜索起始节点紧密相关，也就是不同起始节点可能会影响搜索方向；

（5）以函数值作为启发式信息决定搜索方向，搜索过程没有采用线性空间保留中间节点，因此该搜索是不可回溯、启发式搜索。

局部最优搜索主要存在以下几方面不足。

（1）精度问题。搜索求解最优节点取决于搜索步长 delta。为了提高搜索精度，可采用更小的步长，但这会导致搜索效率降低。在搜索过程中，即使查找到邻域内最优节点或找到一个较优节点却仍然会继续搜索，这样会影响搜索效率，也就是改变了搜索路径。兼顾搜索精度和搜索效率，可采用变步长搜索方法（见图 5.7），但在何时、如何采用变步长搜索方法却很难确定。

（2）全局最优问题。为了搜索全局最优解，多次反复随机初始化起始节点并进行搜索，即从不同方向进行搜索，再把多次搜索的最优值作为最终结果。在图 5.6 中，（–0.0093, 1.5814, 8.106 214）作为全局最优解。这种搜索效率不高，而且若初始化起始节点的分散度不高，则不一定能得到全局最优解，甚至只能得到集中在某个局部的最优解（见图 5.8）。

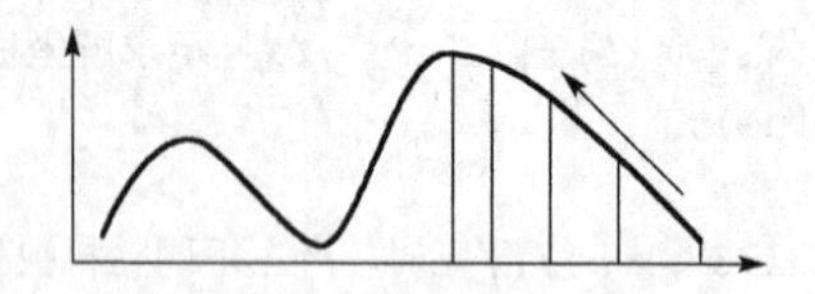

图 5.7　变步长搜索方法

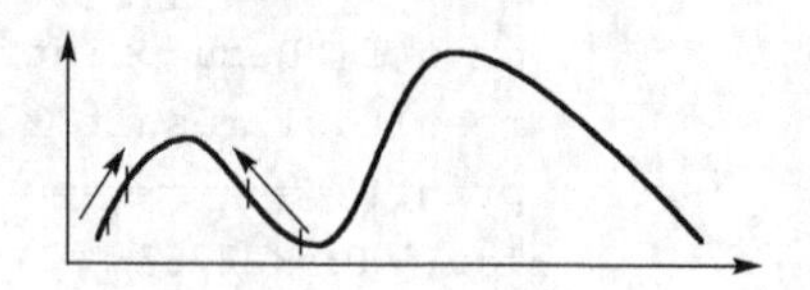

图 5.8　局部最优解

前面介绍的搜索方向都是根据邻近节点优于当前节点这个原则来确定的，因此，在整个搜索过程中每步的搜索方向都是较优或最优（邻域内较优或最优）的。若这个搜索方向是朝着局部最优方向进行的，则将没有机会改变搜索方向，必定只能得到局部最优解（见图 5.8）。若采用基于概率的搜索方法决定搜索方向，则搜索有机会朝着全局最优的方向进行，也就是较优的最近邻方向为搜索方向的概率大，而较差的最近邻方向为搜索方向的概率小，但还是会有一定概率（见图 5.8，有机会向右搜索）。较优的最近邻方向往往就是局部最优方向，较差的最近邻方向就是改变朝向既定局部的最优方向，即可能会朝着全局最优的方向进行搜索。基于概率选择搜索方向的搜索方法一般为轮盘赌选择法。

设当前节点派生的所有最近邻节点集合为$\{n_i|i=0, 1, \cdots, m-1\}$，$m$ 为最近邻节点数，其对应的函数值集合为$\{f(n_i)|i=0, 1, \cdots, m-1\}$，函数值之和为$\sum_{i=1}^{m-1} f(n_i)$，概率分布为$\{P(n_i)=f(n_i)/\sum_{j=0}^{m-1} f(n_j) \mid i=0, 1, \cdots, m-1\}$（见图 5.9），相对概率分布为$\{P(n_i)=P(n_{i-1})+P(n_i)| P(n_0)=0, \ i=1,2, \cdots ,m-1\}$，产生随机数 $\text{rand}\in[0,1]$。若 $P(n_i)\leqslant \text{rand}$，则 n_i 为选取的当前节点。由于计算机语言随机数函数产生的随机数是伪随机数，但何时启动程序取决于使用人员的随机行为，因此采用程序启动时计算机时间为随机数种子，决定伪随机数的生成，使得伪随机数接近随机数。基于概率的局部优先搜索算法如图 5.10 所示，其程序实现如下：

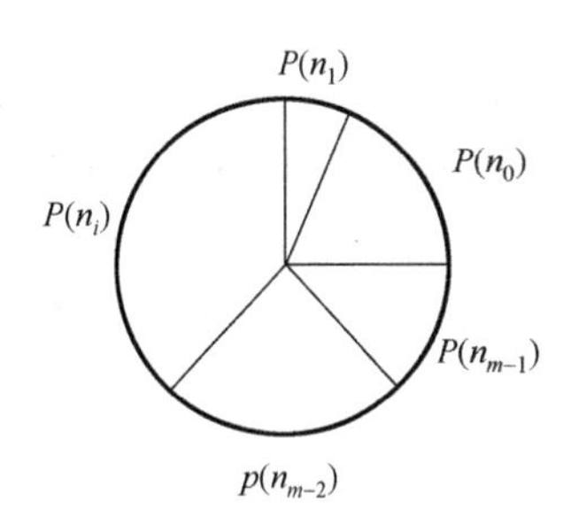

图 5.9　轮盘分布

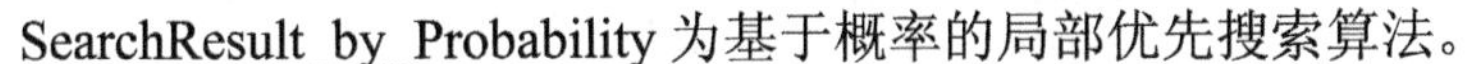

SearchResult_by_Probability 为基于概率的局部优先搜索算法。

```
void SearchResult_by_Probability(double delta, double (*fun)(),POINT *result)
{   //给定搜索步长 delta、待求解多峰函数 fun、局部最优坐标 result
    STATUS flag=FALSE;               //默认当前节点最优
    POINT point, *neighbors;         //当前节点、所有最近邻节点
    float P[NEIGHBORNUM],sump;       //相对概率分布、评估值之和
    int i;                           //循环控制变量
    InitPoint(&point);               //随机初始化起始位置，计算机时间为随机种子
    printf("Init Fun(%.2lf,%.2fl)=%.2lf\n", //显示位置及其函数值，解析几何空间坐标
           point.x1,point.x2,point.y);
    while(TRUE)                      //无限搜索求解
    {
        neighbors=Expand(point, delta, fun); //当前节点及其所有邻近节点
        for(i=0;i<NEIGHBORNUM;i++)   //所有最近邻节点逐一与当前节点比较
            if(point.y<neighbors[i].y) break;
                                     //存在比当前更优的节点，需要再进一步求解
        if(i==NEIGHBORNUM)           //没有更优节点，当前节点最优
        {
            ClearAllNeighbors(neighbors);   //清除所有邻近节点
            break;                   //当前节点最优，无须再求解
        }
           sump=neighbors[0].y;      //对评估值（函数值）求和、初始化
        P[0]=neighbors[0].y;         //之前所有评估值之和
        for(i=1;i<NEIGHBORNUM;i++)   //其他邻近节点
        {
            sump+=neighbors[i].y;    //求和
            P[i]=sump;               //当前项与前一项之和，即之前所有评估值之和
        }
        for(i=0;i<NEIGHBORNUM;i++)  P[i]=P[i]/sump; //每项的相对概率
        sump=rand()%10/10.0;         //产生 0～1 之间的随机数，时间为随机种子
        for(i=0;i<NEIGHBORNUM;i++)   //利用轮盘赌选择法选取当前节点
            if(sump<P[i])            //随机数小于当前节点的相对概率
            {
                point=neighbors[i]; //更新当前节点，再进一步求解
                break;
```

```
            }
            ClearAllNeighbors(neighbors); //清除所有邻近节点
        }
        *result=point;                    //得到局部最优节点
    }
```

由于根据当前节点所有邻近节点的概率分布来选取搜索方向，因此搜索有可能向评估值（函数值）较差的方向进行，即选取最近邻节点的函数值小于当前节点的函数值，故这种算法求解函数值的效率不高。该算法有可能会改变局部最优搜索方向，并且不能确保搜索到全局最优。

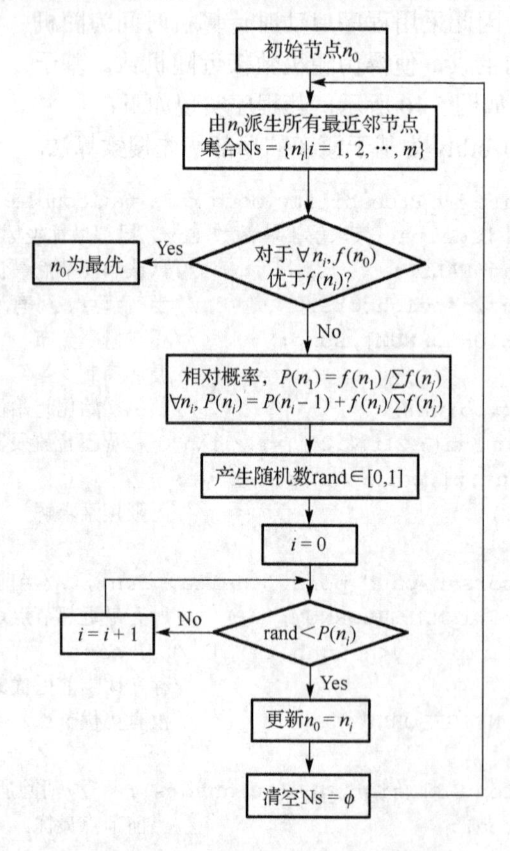

图 5.10　基于概率的局部优先搜索算法

5.3　本章小结

在图搜索过程中，存在一类搜索算法，这类算法有明确的目标，关注求解过程，也就是关注搜索路径和求解路径，即如何快速达到目标节点。还有另一类搜索算法，即没有明确目标，只知道目标存在，主要关注目标是什么，而不关注求解过程。搜索是针对图（图肯定存在）进行的，图可以被预先表示存储结构，其当前节点的所有最近邻节点在图中进行查找。有些图只能被表示，而无法设计它的存储结构，即图的当前节点的所有最近邻节点均是通过生成规则动态生成的。

局部最优搜索算法可求解组合优化问题或函数优化问题。这两类搜索算法存在以下相同点。

① 求解目标不明确，无法直接表示求解目标，但对目标需要满足的条件是明确的，即关注求解目标；

② 无须或无法设计存储结构，但需要进行节点设计，即搜索图基本是隐式图；

③ 有明确的启发式信息表达进行节点评估，并作为决定搜索方向的主要依据，即启发式搜索；

④ 所有最近邻节点都是按照一定规则动态生成的，每步的搜索方向只能是最近邻节点，即局部搜索；

⑤ 没有保留回溯节点或路径的线性表空间，无法进行其他潜在的空间搜索或全空间搜索，即不可回溯搜索。

为了提高搜索效率，可采用邻近节点中的最优节点作为搜索方向。若对函数优化，则可采用更小步长进行搜索，这样会降低搜索效率，而采用可变步长可以兼顾函数的极值精度和求解效率。为了在一定程度（概率）上实现全局最优搜索，通过随机初始化节点，扩大初始节点的分布差异，并进行多次局部最优搜索，把最优值作为全局最优解。采用基于概率的搜索算法选择最近邻节点，需要按一定概率选取最近邻节点作为搜索方向，进而有机会改变局部最优的搜索方向，也就有机会向其他局部或全局最优方向进行搜索。

习题 5

1. 叙述局部最优搜索的特点。
2. 解释显式图和隐式图。
3. 完成以下程序。

```
void priTraPath(TRAVELPATH trapath)           //显示旅行商路径
void priNeighbors(TRAVELPATH *neighbors)      //显示所有派生路径
```

4. 设计多元多峰函数，求解全局最优值。
5. 0-1 背包问题：设容积为 V 的背包中有 n 个体积分别为 a_i（i=1,2,⋯, n）的物体，价值分别为 c_i，如何确保装进包内的物体具有最大价值？如 V=10，物体 a, b, c, d, e 的体积分别为 2, 2, 6, 5, 4，对应价值为 6, 3, 5, 4, 6，求解装进包内哪些物体时价值最大？
6. 采用递归思想实现局部最优搜索。

第 6 章 全局最优搜索

第 2 章～第 5 章介绍的搜索策略在效率、空间消耗和求解目标最优性等方面都各具特点，但前几章介绍的搜索策略均属于局部搜索。

6.1 搜索策略及其存在问题

采用人类社会家族关系对搜索策略进行类比，可以更好地解释搜索策略。

（1）当前有一个人对目标进行查找，他没有找到目标，只好把这个查找任务转交给自己多个直接后代的某个人（孩子），而其他后代进入等待池等待，如此反复进行下去，等待池中就会出现不同辈分但属于同一个始祖的家族成员。若当前这个人没有找到目标，并且没有直接后代，则让等待池中的某个家族成员继续查找。只要目标存在，家族成员就会找到目标。若目标不存在，则所有家族成员均找不到目标。这就是可回溯深度优先搜索策略。搜索空间（范围）总是当前这个人先选择自己其中一个孩子，这样有可能遍历全空间。

（2）当前有一个人对目标进行查找，他没有找到目标，只好把这个查找任务转交给一直处于等待的某个同辈人（兄弟）继续查找，而他自己的所有直接后代（孩子）进入等待池等待，如此反复进行下去，等待池中最多只会出现两代不同辈分的成员。只要目标存在，家族成员就会找到目标。若目标不存在，则所有家族成员均找不到目标。这就是可回溯广度优先搜索策略。搜索空间（范围）总是当前这个人先选择自己的其中一个兄弟，这样有可能遍历全空间。

（3）当前有一个人对目标进行查找，他没有找到目标，只好对自己所有直接后代的查找能力进行评估，并令他们进入等待池等待。这样等待池中就会出现共同始祖、不同辈分、查找能力各异的家族成员。再从等待池中挑选出查找能力强的某个家族成员继续完成查找任务，如此反复进行下去。只要目标存在，家族成员就会找到目标。若目标不存在，则所有家族成员均找不到目标。这就是可回溯启发式搜索策略，该策略综合了深度优先和广度优先的搜索。搜索空间（范围）总是当前这个人先选择自己查找能力最强的后代，这样有可能遍历全空间。

（4）当前有一个人对目标进行查找，他没有找到目标，只好把这个查找任务转交给自己所有直接后代查找能力较强（不一定是最强）的某个人，令他继续查找，并放弃其他直接后代，如此反复进行下去。若当前这个人没有找到目标，而又因为他没有后代，则即使目标存在，最终也无法找到目标。这就是不可回溯启发式搜索策略。这种搜索策略关注目标，而不关注搜索路径，这种不可回溯启发式搜索为局部最优搜索。搜索空间（范围）总是当前这个人选择自己当前查找能力较强的孩子，有可能不遍历全空间，有可能找不到目标。

每个人均是搜索图中的节点，将当前这个人的直接后代作为搜索范围，所有这样的搜索范围构成搜索空间，搜索过程中访问过的所有节点构成搜索路径，而图中从起始节点到目标节点通路上所有节点构成图路径，即求解路径，搜索路径不一定是最优求解路径。很多应用以求解目标节点为目标，而不是以最优求解路径为目标。可回溯深度优先搜索、可回溯广度优先搜索与可回溯启发式搜索均可以通过线性表（堆栈、队列）的节点或求解路径继续进行查找，直到线性表没有节点或求解路径为止。在反复查找过程中，通过比较所有可能的求解路径总可以找到最优求解路径，即通过遍历策略实现全局最优搜索。这种全局最优搜索是 NP-hard 问题，也就是求解路径的时间和空间复杂度呈指数关系增长，因此有可能耗尽计算机时间和空间资源导致搜索不能继续进行。

简要总结搜索策略的特点如下：

（1）在整个搜索过程中，始终是通过单一节点在查找目标节点，只是多个节点依次不断替换对目标节点进行搜索，即串行搜索；

（2）查找当前目标节点都只关注自己最近邻的节点，不参照更大范围的其他节点，即局部搜索；

（3）若不能明确给定显式目标或只给出满足隐式目标的条件，则一旦找到目标就停止搜索，即局部最优搜索；

（4）可回溯深度优先求解路径长而可回溯广度优先求解路径短，可回溯启发式搜索求解路径的长度介于两者之间。在确定能搜索到目标的情况下，不可回溯启发式搜索求解路径比可回溯启发式搜索求解路径长，但节省用于保留回溯的线性空间，搜索效率高。

另外，高级搜索算法用于实现目标节点的查找，它是并行、局部最优、不可回溯搜索、求解隐式目标的算法。

6.2　全局最优搜索算法

全局最优搜索算法是并行、启发式、全局最优、不可回溯和求解隐式目标的算法，具体流程如图 6.1 所示，主要概念如下：

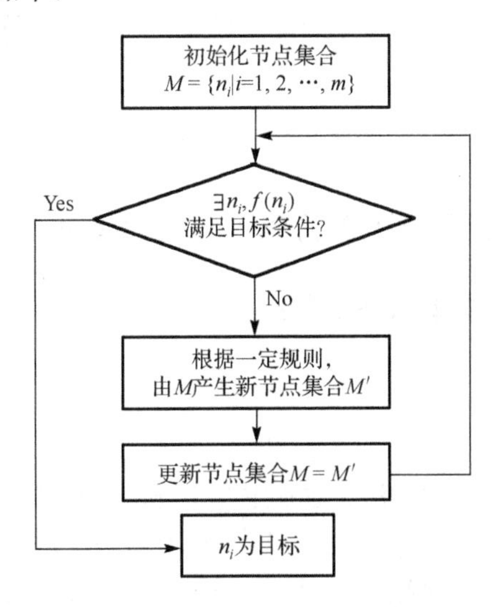

图 6.1　全局最优搜索算法的具体流程

① 并行性：在搜索时，不是通过单一节点判断目标节点，而是以一定数量的节点判断其

中节点是否存在目标节点。若搜索当前节点均不满足目标条件，则根据一定规则生成一定数量的节点集合，也就是搜索过程是以一定规模的多个节点同时进行搜索的。每个节点都是一个可能解，这样的节点集合称为种群。搜索过程就是一个种群内所有个体（节点）同时进行的，故一个群体也称为一代；

② 启发式：每代均是根据一定规则生成的，这个规则兼顾个体本身优势和种群优势来指导新个体的生成；

③ 全局最优：新个体（节点）的生成不一定是最近邻的，也可以是全空间的个体，个体生成和并行性搜索可避免陷入局部最优；

④ 不可回溯：为了提高搜索效率且追求单一目标而不是所有目标，不采用保留回溯节点或路径的线性空间来实现不可回溯搜索，避免组合爆炸；

⑤ 隐式目标求解：只关注求解目标，不关注求解路径；

⑥ 目标评估函数：对某个节点进行评估，评估当前节点与目标节点的差异程度，或与目标节点的近似程度。

全局最优搜索算法如下（见图 6.1）：

```
输入：初始化群体 M={nᵢ|i=1,2,…,m}                //多个可能的目标节点
输出：目标节点 nᵢ                               //目标节点
① If ∃nᵢ, f(nᵢ)满足目标条件                     //评估节点，当前节点是目标节点
   Then goto④;                                  //结束求解
   Else 形成新群体 M′;                           //生成新种群，即新的多个可能目标节点
② 更新群体 M=M′;                                //更新种群，即新的多个可能目标节点
③ goto①;                                       //继续求解
④ 返回目标 nᵢ                                   //得到求解目标
```

全局最优搜索算法也称为群体智能优化算法，代表算法有遗传算法、粒子群算法和蚁群算法等。这类算法是递推算法，也可采用基于递归的思想，其全局最优搜索算法伪代码如下：

```
Search(M₀)                                      //群搜索
If ∀ nᵢ∈M₀, f(nᵢ) not satisfied Then            //所有个体均不满足目标条件
  M₁=Generate(M₀)                               //产生新群体
  n₀= Search(M₁)                                //递归搜索
End if                  //∃ n₀∈M₀, f(n₀) 满足个体目标的条件
Return n₀
```

下面以遗传算法为例，介绍基于递推的全局最优搜索算法。

6.3 基于遗传算法的问题求解

6.3.1 遗传算法

遗传算法是模拟自然界“优胜劣汰、适者生存”进化法则的优化算法，通过模拟群体的选择、交叉、变异生成新个体的自然进化过程，实现对所求解问题的全局最优搜索。遗传算法表示问题的可能解的集合种群（节点集合），种群中每个个体（节点）均可由带有个体特征信息的染色体表示，染色体作为个体遗传信息的主要载体通过基因编码组合而成。当初始群体产生以后，根据求解问题的需要，建立数学模型、抽象出适应度函数（目标评价函数）作为优胜劣

汰法则进行逐代进化。通过选择操作选出适应度较优的个体，并通过遗传算子的交叉和变异产生代表新个体的种群。这样一代代进化下去，将末代种群中的最优个体（目标节点）解码，得出所求问题的最优解（见图 6.2）。

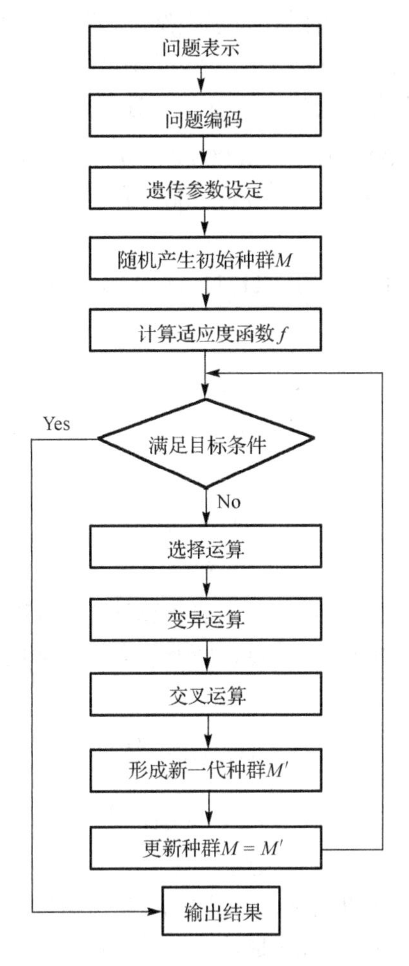

图 6.2　遗传算法对问题求解的过程

6.3.2　遗传算法相关概念

遗传算法在实际应用中主要涉及的基本概念包括：求解问题表示、适应度函数设计和遗传运算参数设置。

（1）问题描述。对于组合问题，可表示为组合优化问题，如 0-1 背包问题：已知有容积为 V 的背包和 n 个体积分别为 a_i（$i=0,1,\cdots,n-1$）的物体，物体的价值分别为 c_i（$i=0,1,\cdots,n-1$），如何确保装进包内的物体有最大价值？问题表示为

$$\max \sum_{i=0}^{n-1} b_i \times c_i$$

$$\text{s.t.}\ \sum_{i=0}^{n-1} b_i \times a_i = V$$

其中，b_i 取值为 0 或 1（0 表示不选取物体，1 表示选取物体）。

将现实问题抽象成函数，进一步求解函数的极值。对于连续函数极值问题，函数本身就是一种问题的表示。

（2）问题编码与解码。无论组合问题还是函数极值问题都需要进行编码求解，一般采用二进制编码。对于组合问题，1 表示采纳，0 表示拒绝。如背包问题二进制编码为 $b_{n-1}\cdots b_1b_0$，其中 $b_i\in\{0,1\}$。对于函数极值问题，0 和 1 的组合表示函数的计算精度。如函数自变量 x 的取值范围是$[x_{\min}, x_{\max}]$，用长度为 λ 的二进制编码表示，对应关系为

$$
\begin{array}{ll}
00000000\cdots00000000=0 & x_{\min} \\
00000000\cdots00000001=1 & x_{\min}+\delta \\
\cdots\cdots & \\
11111111\cdots11111111=2^{\lambda}-1 & x_{\max}
\end{array}
$$

二进制编码的精度 δ 为

$$\delta=\frac{x_{\max}-x_{\min}}{2^{\lambda}-1} \tag{6.1}$$

其解码 x 为

$$x=x_{\min}+\delta\cdot\sum_{i=0}^{\lambda-1}b_i\cdot 2^i \tag{6.2}$$

实际上，这是连续变量离散化的过程。在遗传算法中，b_i 称为基因，而 $b_{n-1}\cdots b_1b_0$ 称为染色体。每条染色体均是搜索图中的一个节点，每个节点均对应问题的一个可能解。如求二元函数的最大值

$$\max f(x_1, x_2)=x_1^{\ 2}+x_2^{\ 2}$$

$$\text{s.t.}\quad x_1, x_2\in[0,7]$$

若 $\lambda=3,\delta=1$，且 x_1，x_2 分别为三位二进制位编码，则 x_1 和 x_2 整体编码为 $b_5b_4b_3b_2b_1b_0$，其中 $b_2b_1b_0$ 为 x_1 的编码，$b_5b_4b_3$ 为 x_2 的编码。如染色体为 010110，x_1 为 110，解码为 6; x_2 为 010，解码为 2。显然编码和解码的精度与二进制长度 λ 紧密相关。

（3）适应度函数。适应度函数也称为目标评价函数，用于判断种群中个体的优劣程度，即个体与目标差异程度，并把评价结果作为后续遗传操作的依据。适应度函数可以从求解问题的数学模型演化得到。适应度函数值也是搜索的启发式信息，不再需要其他信息。如在求二元函数最大值的问题中，适应度函数为 $f(b_5b_4b_3b_2b_1b_0)$，解码后适应度函数对应的原函数为 $f(x_1,x_2)=x_1^2+x_2^2$。染色体 0101100 对应的适应度函数值为 $f(010110)=f(2, 6)=40$。

（4）遗传运算。遗传运算包括选择、交叉和变异运算，这些运算是通过遗传算子进行的。选择遗传算子的主要目的是筛选出种群中的优秀个体，可采用轮盘赌选择法选择个体，增加种群的多样性（个体差异大，可能解在全空间中分布范围大），即优秀个体被选择的概率大，其他个体也有机会被选择，有机会避免陷入局部最优的可能。

交叉算子通过交换两个父代染色体部分基因生成新的子代个体，采用基于概率的交叉运算，保持种群个体的多样性。生成的新个体可以是全空间范围内的个体，进而提高搜索能力，基本保障全局搜索算法顺利进行。

变异算子通过对个体某些基因的改变而产生新个体，采用基于概率的变异运算，生成的新

个体是当前个体的最近邻个体，进而提高局部搜索能力，加快收敛到最优解的速度。变异的概率应取较小值，以防出现过大的扰动。

交叉算子和变异算子可以产生新种群的个体，进而确保搜索正常进行。交叉算子确保算法有较强的全局搜索能力，变异算子确保算法有较强的局部搜索能力，两者既相辅相成又相互制约。

（5）遗传算子概率与运算。遗传算子概率包括选择概率、交叉概率和变异概率。设适应度函数为 f，种群为 $M=\{s_i|i=0, 1, \cdots, m-1\}$，$s\in M$，$s=b_{n-1}b_{n-2}\cdots b_1 b_0$，$f(s)$为个体 s 的适应度函数。

① 选择概率 P_s：$P_s(s_i)=\dfrac{f(s_j)}{\sum_{i=0}^{m-1} f(s_j)}$。

从原有种群 $M=\{s_0, s_1, \cdots, s_{m-1}\}$中选择个体构造新种群 M'。相对概率为 $P(s_0)=0$, $P(s_i)=P(s_{i-1})+P_s(s_i)$。轮盘赌选择法的选择过程如下：

```
For j=0 to m-1 step 1                        //选择m次，共m个
    r=rand();                                //0～1随机数
    For i=0 to m-1 step 1                    //从中任意选取一个数
        If sᵢ∈M and r<P(sᵢ) then             //根据选择概率选取染色体
            M'=M'∪{sᵢ};                      //选到一个数
            break;                           //选到一个数结束
        End if
    Next i
Next j                                       //下一次
```

② 交叉概率为 $P_c=m_c/m$。m_c 为选中的染色体数，m 为种群规模（种群个体的个数），P_c 为被选中个体数与种群数的比值。该值需要预先设置，其值一般较大，如 0.6，这意味着生成的新个体具有很强的多样性，并且搜索范围大。交叉过程如下：

```
For j=0 to m-1 step 1                    //选取m个数，新种群数为m
    r=rand();                            //0～1随机数
    For i=0 to m-1 step 1                //从中选取个体
        If sᵢ∈M and r<p꜀ then            //选中某个个体
            sₖ⊗sᵢ,其中∀sₖ∈M, sₖ≠sᵢ;      //随机选取其他染色体进行交叉运算
            break;                       //交叉结束，新个体生成
      End if
    Next i
Next j                                   //下一个
```

其中，⊗表示两条染色体随机定位后交叉生成新的两条染色体，如 $s_k=1011011100$，$s_i=0001110011$，随机定位后进行交叉，新的两条染色体分别为 $s_k'=1011011111$，$s_i'=0001110000$。

③ 变异概率为 $P_m=m_b/(m\times n)$。m_b 为群体中变异的基因数，m 为种群规模，P_m 为种群中被选中基因数与种群基因数的比值。该值需要预先设置，其值一般较小，如 0.01，这意味着生成新个体没有较强的多样性，并且搜索范围小。

```
For j=0 to m-1 step 1                        //种群规模
    For i=0 to n-1 step 1                    //染色体长度，即基因数
        r=rand();                            //0～1随机数
        If sⱼ∈M and bᵢ∈sⱼ and r<Pₘ then      //确定染色体的基因
```

```
            bi=bi⊕1;                            //确定染色体的基因的变异
        End if
      Next i                                    //下一个基因位
   Next j                                       //下一条染色体
```

其中，⊕表示对基因位与 1 进行异或运算，也就是 b_i 基因位由 0 变为 1，1 变为 0。

6.3.3 基于遗传算法的问题求解过程

遗传算法对问题求解的具体过程如下（见图 6.2）：

（1）对求解问题进行数学建模；

（2）根据求解精度的要求进行编码设计，即染色体编码；

（3）设定交叉概率 P_c 和变异概率 P_m 的相关参数以及结束求解的条件；

（4）随机初始化种群 M，规模为 m；

（5）确定适应度函数 f，对种群进行评估 $f(s_i), s_i \in M, i=1, 2, \cdots, m$；

（6）若算法满足停止的准则，则转到（12）；

（7）选择算子：利用轮盘赌选择法选取种群 M_1；

（8）交叉算子：从 M_1 产生新的种群 M_2；

（9）变异算子：从 M_2 产生新的种群 M_3；

（10）更新 $M= M_3$；

（11）进化代数 t 加 1，转到（5）；

（12）获取最优个体，染色体解码后输出结果。

6.3.4 遗传算法特点

遗传算法有如下特点：

（1）遗传算法是一种并行搜索算法，它从要求解问题的种群解开始搜索，但并不是单个解搜索，而是群体性多值并行搜索，每个值都有收敛到全局最优的可能，避免算法陷入局部极值。

（2）遗传算法仅用适应度函数来评估候选解的优劣，不需要额外的辅助信息，且适应度函数不受定义域限制，这样提高了遗传算法的适用性。

（3）遗传算法具有自组织、自学习和自适应的特点，该算法在搜索过程中，适应度值较好的个体具有较高的生存概率且更易于获得优秀的基因。

（4）遗传算法可以通过动态自适应技术调整遗传算子出现的概率，进而影响算法的搜索方向。

6.3.5 旅行商最短路径求解

城市 A、B、C、D、E 两两直接互联，具体关系如图 6.3 所示。旅行商从一个城市（如 A）出发，到访所有城市，而且每个城市均只到访一次，最后回到该城市（如 A）。求解旅行商所走的最短路径，即依次到访的城市顺序。不同顺序的城市组合都是一个可能解，采用搜索策略求最优解。旅行商最短路径是隐式目标，每个目标均是搜索图中的一个节点。在实现上，城市地图的表示与存储结构的设计、旅行商路径的表示与存储结构的设计、城市距离与旅行商路径和旅行商路径初始化等问题已在第 5 章的第 1 节中介绍过，在此不再赘述。下面仅介绍基于遗传算法相关的实现。

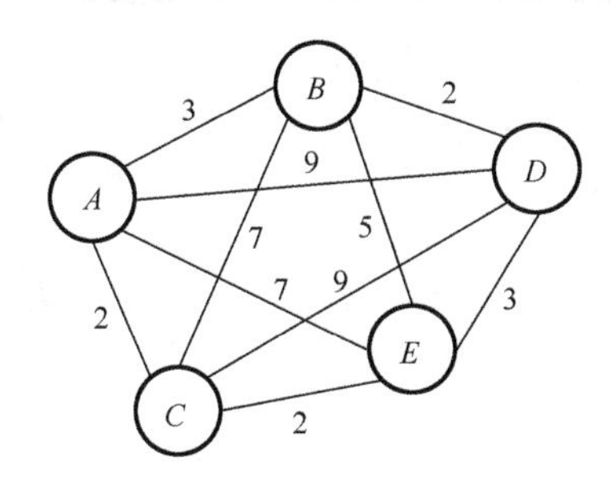

图 6.3　城市之间的关系

（1）问题表示与存储。

```
#define MAXCHROMLENGTH 250                  //染色体的最大长度
typedef struct                              //定义染色体的个体结构体
{
    int chrom[MAXCHROMLENGTH];              //染色体二进制的表达形式
    int chromlength;                        //染色体的实际长度
    double fitness;                         //染色体的适应度函数值
} INDIVIDUAL;                               //染色体的个体类型
```

城市集合为 CITYNAME cities[CITYNUM]，设基因数为 CITYNUM 的染色体为 $b_0b_1\cdots b_{\mathrm{CITYNUM}-1}$，其中 b_i 为 1 或 0，分别表示到访城市 cities[i]或没有访问城市 cities[i]（i=1,2,⋯, CITYNUM）。如

```
CITYNAME cities[CITYNUM]={"A","B","C","D","E"};
```

染色体 01000 表示到访城市为 B，没有到访其他城市。

旅行商路径为 TRAVELPATH trapath，设基因数为 CITYNUM*CITYNUM 的染色体为

$$b_0^{1}b_1^{1}\cdots b_{\mathrm{CITYNUM}-1}^{1}b_0^{2}b_1^{2}\cdots b_{\mathrm{CITYNUM}-1}^{2}\cdots b_0^{\mathrm{CITYNUM}}b_1^{\mathrm{CITYNUM}}\cdots b_{\mathrm{CITYNUM}-1}^{\mathrm{CITYNUM}}$$

其中 $b_0^{j}b_1^{j}\cdots b_{\mathrm{CITYNUM}-1}^{j}$ 表示到访的城市。如旅行商路径为 $B\rightarrow A\rightarrow D\rightarrow E\rightarrow C\rightarrow B$，其对应染色体为

01000 10000 00010 00001 00100

注：已经默认表示终点 A。

旅行商路径与染色体个体之间的编码与解码实现如下。

① Index 通过城市名称确定城市名称的存储位置，城市名称存储在一维数组中。

```
int Index(CITYNAME city,CITYNAME cities[CITYNUM])
{                                                   //通过名称找到城市的存储位置
    int i;
    for(i=0;i<CITYNUM;i++)                          //依次查找城市的存储位置
        if(strcmp(city,cities[i])==0) break;  //找到城市的存储位置
   return i;
}
```

② CityName 给定城市的存储位置，获取城市名称，与 Index 函数互为逆过程。

```
void CityName(int index, CITYNAME cities[CITYNUM], CITYNAME city)
{                                                //通过城市的存储位置找到城市名称
```

```
    int i;
    for(i=0;i<CITYNUM;i++)                          //依次查找城市的存储位置
        if(i==index)                                //找到城市的存储位置
        {
            strcpy(city,cities[i]);                 //找到城市名称
            break;
        }
}
```

③ Coding 对旅行商路径进行染色体编码。

```
void Coding(CITYNAME cities[CITYNUM],TRAVELPATH *trapath,
            INDIVIDUAL *indi)   //对旅行商路径trapath进行染色体编码
{
    int i,j;
    indi->chromlength=CITYNUM*CITYNUM;                //染色体的实际长度，即基因数
    for(i=0;i<indi->chromlength;i++) indi->chrom[i]=0;  //所有基因位清零
    indi->fitness=trapath->globaldistance;            //适应度的值为路径长度
    for(j=0;j<CITYNUM;j++)                            //第j次访问，城市次序
    {
        i=Index(trapath->city[j],cities);             //第i个城市
        indi->chrom[j*CITYNUM+i]=1;                   //第j次访问的第i个城市
    }
}
```

④ Decoding 将染色体解码为旅行商路径。

```
void Decoding(CITYNAME cities[CITYNUM],TRAVELPATH *trapath,
              INDIVIDUAL *indi)            //将染色体解码为旅行商路径trapath
{
    int i,j;
    char city[MAXSIZE];                         //城市名称
    for(j=0;j<indi->chromlength;j++)            //基因为0或1
        if(indi->chrom[j]==1)                   //基因为1
        {
            i=j%CITYNUM;                        //城市的编号
            CityName(i, cities, city);          //得到城市名称
            strcpy(trapath->city[j/CITYNUM],city);  //城市在路径中的位置
        }
    strcpy(trapath->city[CITYNUM],trapath->city[0]); //终点城市也是起点城市
    trapath->globaldistance=indi->fitness;      //适应度函数值为旅行商路径的长度
}
```

（2）初始化路径的染色体和种群。

① InitTraPath 在给定出发城市（也是终点城市）后随机初始化一条旅行商路径。

```
void InitTraPath(MAPGRAPH map,CITYNAME cities[CITYNUM],
                 CITYNAME start,TRAVELPATH *trapath)
{                                               //给定旅行商起点城市形成随机路径
    int i,j=0,k,n;
    CITYNAME cs[CITYNUM-1],temp;                //除出发城市外的所有城市
```

```
    for(i=0;i<CITYNUM;i++)                         //所有城市
        if(strcmp(cities[i],start)!=0)             //除出发城市
            strcpy(cs[j++],cities[i]);             //保留除出发城市外的其他城市
    strcpy(trapath->city[0],start);                //旅行商的出发城市
    strcpy(trapath->city[CITYNUM],start);          //旅行商的终点城市
    n=rand()%(CITYNUM-1);                          //0～CITYNUM-2 随机数构成循环次数
    for(i=0;i<n;i++)                               //随机循环 CITYNUM-1 次
    {                                   //形成旅行商随机路径（搜索空间随机节点）
       j=rand()%(CITYNUM-1);            //随机数的下标为 0～CITYNUM-2
        k=rand()%(CITYNUM-1);           //随机数的下标为 0～CITYNUM-2
        if(j==k) continue;              //下标相同，无须交换
        strcpy(temp,cs[j]);             //下标不同交换城市
        strcpy(cs[j],cs[k]);
        strcpy(cs[k],temp);
    }
    for(i=1;i<CITYNUM;i++)              //形成旅行商随机路径（搜索空间随机节点）
        strcpy(trapath->city[i],cs[i-1]);   //放回旅行商路径中
    TraPathDis(map, trapath);           //旅行商路径的长度
}
```

② InitIndividual 在给定出发城市后随机初始化旅行商路径的一条染色体。

```
void InitIndividual(MAPGRAPH map,CITYNAME cities[CITYNUM],
                        CITYNAME start, INDIVIDUAL *indi)
{                       //给定出发城市，随机初始化个体
    TRAVELPATH trapath;                         //旅行商路径
    InitTraPath(map,cities,start,&trapath);     //随机生成旅行商路径
    Coding(cities,&trapath,indi);               //对旅行商路径进行染色体编码
}
```

③ InitPopulation 在给定出发城市和种群规模后随机初始化旅行商路径的种群。

```
void InitPopulation(MAPGRAPH map,CITYNAME cities[CITYNUM],
                        CITYNAME start, int popsize, INDIVIDUAL population[])
{                   //给定旅行商路径的种群数量，随机初始化种群
    int i=0, j, k;
    srand((unsigned)time(NULL));            //时间为随机数种子
    for(i=0;i<popsize;i++)                  //初始化个体
    {
        InitIndividual(map,cities,start,&population[i]);
                                            //随机初始化路径的染色体个体
        for(j=0;j<32767;j++)                //时间延迟，产生随机数
            for(k=0;k<3276;k++);
    }
}
```

（3）路径染色体适应度值的求解。

① EvaluateIndividual 用于计算染色体的适应度函数值，即旅行商路径的长度。

```
void EvaluateIndividual(MAPGRAPH map,CITYNAME cities[CITYNUM],
                            INDIVIDUAL *indi)   //对染色体个体的适应度函数值求解
```

```
{
    TRAVELPATH trapath;                         //旅行商路径
    Decoding(cities,&trapath,indi);             //染色体个体解码为旅行商路径
    TraPathDis(map, &trapath);                  //对旅行商路径长度求解
    indi->fitness=trapath.globaldistance; //旅行商路径为染色体个体的适应度函数值
}
```

② EvaluatePopulation 用于计算旅行商路径种群每个个体的适应度函数值。

```
void EvaluatePopulation(MAPGRAPH map,CITYNAME cities[CITYNUM],
                        int popsize,INDIVIDUAL population[])
{                                   //对种群每个个体适应度函数值的求解
    int i;
    for(i=0;i<popsize;i++)          //对每条染色体个体适应度函数值的求解
        EvaluateIndividual(map,cities,&population[i]);
}
```

（4）路径染色体个体的有效性。路径染色体可以看成 CITYNUM×CITYNUM 的二维数组 temp，数组元素值为 0 或 1。有效的路径染色体为每行和每列只能有唯一一个元素值为 1，其他元素值为 0，如图 6.4 所示。图 6.4 中的顶部为城市有序集合，左边为旅行商访问顺序，表示的路径为

$$B\to A\to D\to E\to C\to B$$

对应的染色体为

01000 10000 00010 00001 00100

	A	*B*	*C*	*D*	*E*
1	0	1	0	0	0
2	1	0	0	0	0
3	0	0	0	1	0
4	0	0	0	0	1
5	0	0	1	0	0

图 6.4　路径染色体

路径染色体的有效性就是每行之和与每列之和均为 1，具体实现如下：

```
STATUS Efficent(INDIVIDUAL indi)            //判断路径个体的有效性
{
    STATUS flag=TRUE;
    int i,j,k,count;                        //路径染色体
    int (*temp)[CITYNUM]=indi.chrom;
    for(i=0;i<CITYNUM;i++)                  //第 i 个城市
    {
        count=0;                            //城市访问次数
        for(j=0;j<CITYNUM;j++)              //访问次序
            if(temp[j][i]==1)  count++;
        if(count>1||count==0)               //一个城市没被访问或访问 2 次以上
        {
            flag=FALSE;
            break;
        }
    }
    if(flag==TRUE)                          //对每个城市都只访问一次
        for(i=0;i<CITYNUM;i++)              //第 i 次访问
        {
            count=0;                        //访问次数
```

```
            for(j=0;j<CITYNUM;j++)          //访问城市
                if(temp[i][j]==1) count++;
            if(count>1||count==0)           //一次没被访问过或被访问2次以上的城市
            {
                flag=FALSE;
                break;
            }
        }
    return flag;
}
```

（5）遗传算子。

① SelectOperator（选择算子）从路径种群中采用轮盘赌选择法来选取新种群。

```
void SelectOperator(int popsize, INDIVIDUAL population[])    //选择算子
{      //从当前路径染色体种群population中采用轮盘赌选择法来选取个体进而形成新群体
    int i, j;
    double p, sum;                  //p存放随机概率，sum存放个体适应率和累计适应率
    double *ps;                     //当代种群染色体个体的适应率
    INDIVIDUAL *newpopulation;  //新种群
    ps=(double*)malloc(popsize*sizeof(double));//开辟新路径染色体种群对应的概率空间
    newpopulation=(INDIVIDUAL*)malloc(popsize*sizeof(INDIVIDUAL));
    for(sum=0,i=0; i<popsize; i++)
        sum+=population[i].fitness;                //sum存放种群适应值总和
    for(i=0; i<popsize; i++)
        ps[i]=population[i].fitness/sum;           //路径染色体个体的概率
    for(sum=0,i=0;i<popsize;i++)   sum+=1-ps[i]; //路径染色体个体的概率之和
    for(i=0; i<popsize; i++)  ps[i]=(1-ps[i])/sum;//路径染色体个体概率非新概率
    for(i=1; i<popsize; i++)  ps[i]+=ps[i-1];    //新概率构成轮盘
    for(i=0; i<popsize; i++)       //for循环采用轮盘赌选择法，选取popsize个个体
    {
        p=rand()%1000/1000.0;                //得到千分位小数的随机数
        for(j=0;ps[j]<p;j++);                //转动轮盘
        newpopulation[i]=population[j]; //选出一个数暂存于newpopulation中
    }
    for(i=0; i<popsize; i++)
        population[i]=newpopulation[i]; //更新种群populaiton
    free(ps);                                //回收数据单元
    free(newpopulation);
}
```

② CrossoverOperator（交叉算子）从路径种群中通过交叉产生新种群。

```
void CrossoverOperator(int popsize,INDIVIDUAL population[], double pc)  //交叉算子
{
    int i, j, *index, point, temp;
    double p;
    index=(int *)malloc(popsize*sizeof(int)); //形成一维数组
    for (i=0; i<popsize; i++) index[i]=i;    //初始化数组index[]，种群索引
    for (i=0; i<popsize; i++)                //for循环实现种群内随机两两交换
```

```
        {                                       //打乱种群顺序，如图 6.5 所示
            point=rand()%(popsize-i);           //随机建立索引 index
            temp=index[i];                      //交换索引
            index[i]=index[point+i];
            index[point+i]=temp;
        }
        i=0;
        while(i<popsize-1)
        {   //随机选取个体的概率，千位数
            p=rand()%1000/1000.0;
            if (p<pc)                           //根据概率选取第 i 条染色体个体
            {                                   //单个随机点的交叉点
LOOP:           point=rand()%(population[i].chromlength-1)+1;   //交叉点位置
                for (j=point; j<population[i].chromlength; j++)
                {                               //索引上相邻的两个个体
                    temp=population[index[i]].chrom[j];//从交叉点后逐位依次进行交换
                    population[index[i]].chrom[j]=population[index[i+1]].chrom[j];
                    population[index[i+1]].chrom[j]=temp;
                }
                if(!Efficent(population[index[i]])||  //交叉后形成的新个体不能表达路径
                   !Efficent(population[index[i+1]]))
                {
                    for (j=point; j<population[i].chromlength; j++)  //恢复原有个体
                    {
                        temp=population[index[i]].chrom[j];
                                                    //从交叉点后逐位依次进行交换
                        population[index[i]].chrom[j]=population[index[i+1]].chrom[j];
                        population[index[i+1]].chrom[j]=temp;
                    }
                    goto LOOP;
                }
            }
            i+=2;                   //索引相邻的两个个体
        }
    }
```

③ MutateOperator（变异算子）从路径种群中通过变异形成新种群。

```
void MutateOperator(int popsize, INDIVIDUAL population[], double pm)
                                        //变异算子
{                                       //对旅行商染色体种群 population 进行变异
    int i, j;
    double p;                           //概率变量
    INDIVIDUAL indi;                    //染色体个体
    i=0;
    while(i<popsize)                    //每个染色体个体
    {
LOOP:   indi=population[i];             //第 i 个染色体个体
        for (j=CITYNUM; j<population[i].chromlength; j++)  //出发城市不变
```

```
            {                                   //每个基因位
                p=rand()%1000/1000.0;           //随机概率，千位数
                if (p<pm) indi.chrom[j]=(indi.chrom[j]==0)?1:0;
                                                //根据变异概率进行 0 和 1 的变换
            }
            if(Efficent(indi)==FALSE) goto LOOP; //变异后旅行商路径无效，继续变异
            population[i]=indi;                 //变异后旅行商路径有效，更新路径
            i++;                                //下一个染色体个体
        }
    }
```

0	0	1	…	1	0		3	index[0]
1	0	1	…	0	0		0	index[1]
2	1	0	…	0	0		1	index[2]
..	0	0	…	1	0		5	
	0	0	…	0	1		…	…
popsize – 1	0	1	…	0	1			

图 6.5　染色体种群与索引

（6）新一代染色体群体的生成和最优染色体个体。

① GenerateNextPopulation 在路径种群中通过遗传算子产生新种群。

```
void GenerateNextPopulation(int popsize, INDIVIDUAL population[],
                      double pc, double pm)      //通过遗传算子生成下一代群体
{
    SelectOperator(popsize,population);           //选择生成群体 population
    CrossoverOperator(popsize,population,pc);     //交换生成群体 population
    MutateOperator(popsize,population,pm);        //变异生成群体 population
}
```

② GetBestIndividual 从路径种群中选取最优（路径最短）的路径染色体，更新迄今为止最优的路径染色体。

```
void GetBestIndividual(int popsize, INDIVIDUAL population[],
            INDIVIDUAL *bestindividual,           //染色体种群中的最优个体
            INDIVIDUAL *currentbestindividual)    //进化过程中迄今为止最优个体
{                //从路径染色体种群 population 中求最优个体
    int i;
    *bestindividual=population[0];              //默认种群中第 0 个个体为最优个体
    for(i=1; i<popsize; i++)                    //种群中的其他个体
        if(population[i].fitness<=bestindividual->fitness)
                                                //依次比较，找出最优个体
            *bestindividual=population[i];      //更新种群中的最优个体
//当前代最优个体 bestindividual 与迄今为止最优个体 currentbestindividual 进行比较
    if (bestindividual->fitness<currentbestindividual->fitness)
*currentbestindividual=*bestindividual;         //更新迄今为止最优个体
}
```

（7）遗传进化。GA遗传算法的的求解过程如下。

```
void GA(MAPGRAPH map,CITYNAME cities[CITYNUM],char *start, int popsize,
        double pc, double pm,int generation, INDIVIDUAL *currentbestindividual)
    {                                                           //遗传进化过程
    INDIVIDUAL *population,bestindividual,oldbestindividual;  //种群、最优个体
        int i;
        population=(INDIVIDUAL *)malloc(popsize*sizeof(INDIVIDUAL));
                                                                //分配种群单元
        InitPopulation(map,cities,start,popsize, population);
                                                                //初始化种群
        bestindividual=population[0];                  //默认初始种群中的最优个体
        for(i=1; i<popsize; i++)
            if(population[i].fitness<bestindividual.fitness)
                                                        //依次比较，找出最优个体
                bestindividual=population[i];     //更新初始种群中最优个体
        *currentbestindividual=bestindividual;
                                        //初始种群中的最优个体为进化过程迄中今为止最优个体
    oldbestindividual=bestindividual;           //迄今为止最优个体为过往最优个体
    i=0;                                        //连续进化最优个体，计数不变
        while(i<generation)            //连续进化 generation 代，最优个体不变
        {
            GenerateNextPopulation(popsize,population,pc,pm); //产生新一代种群
            EvaluatePopulation(map,cities,popsize,population);//评估新一代种群
            GetBestIndividual(popsize, population,&bestindividual,
                currentbestindividual); //获取种群中最优个体和迄今为止最优个体
            if(fabs(currentbestindividual->fitness-oldbestindividual.fitness)
                    <1e-5)
                    i++;                                    //连续进化的代数计数
            else
            {
                oldbestindividual=*currentbestindividual;  //更新过往最优个体
                i=0;                                    //连续进化的代数计数归零
            }
        }
}
```

（8）应用实例。以如图6.3所示的关系图为例，求解旅行商路径。

```
void main()
{
        double pc = 0.5;            //交叉率为 0.25～0.99
        double pm = 0.1;            //变异率为 0.001～0.1
        int popsize=12;             //种群数
        int generation=5;           //连续进化最优个体，代数不变
        int count=10;               //求解次数
        INDIVIDUAL currentbestindividual;     //当前最优个体
        TRAVELPATH dectrapath;             //求解旅行商路径
```

```
        CITYNAME cities[CITYNUM]={"A","B","C","D","E"};  //城市有序集合
        struct ARCTYPE map[ArcNum]={{"A","B",3},{"A","C",2},{"A","D",9},
                                    {"A","E",7},{"B","C",7},{"B","D",2},
                                    {"B","E",5}, {"C","D",9},{"C","E",2},
                                    {"D","E",3}}; //城市地图
        char *start="B";                       //出发城市与终点城市
        int i;
        for (i=0;i<count;i++)                  //求解 generation 次
        {
            GA(map,cities,start,popsize,pc,pm,generation,
                    &currentbestindividual); //求解
            printf("Result Path:");
            Decoding(cities,&dectrapath,&currentbestindividual);//解码为路径
            priTraPath(dectrapath);        //显示路径
        }
}
```

运行结果如图 6.6 所示。该程序在求解最优旅行商路径时，路径 $B→D→E→C→A→B$ 和路径 $B→A→C→E→D→B$ 的长度为 12，这是两条最短路径，另外两条路径不是最短的。在本例中，若连续进化 10 代（generation=10）的最优个体没有变化，则结束进化求解，并把不变的个体作为最终最优结果。由于该程序是基于概率的进化，因此有时求解的结果不是最优的，而且求解结果还与交叉概率和变异概率有关。交叉概率和变异概率主要决定新染色体个体的生成，即决定搜索范围。一般交叉概率主要影响全局搜索，而变异概率主要影响局部搜索，两者都影响搜索过程。由于函数 rand 是伪随机函数，并且它会随机由机器时间 time 函数值作为随机数生成种子，又由于程序执行速度过快，以至于在问题求解结束后，机器时间 time 函数值还是同一个值，即随机数相同，因此需要适当延迟程序的执行时间，使得机器时间 time 函数值不同，伪随机数不同。

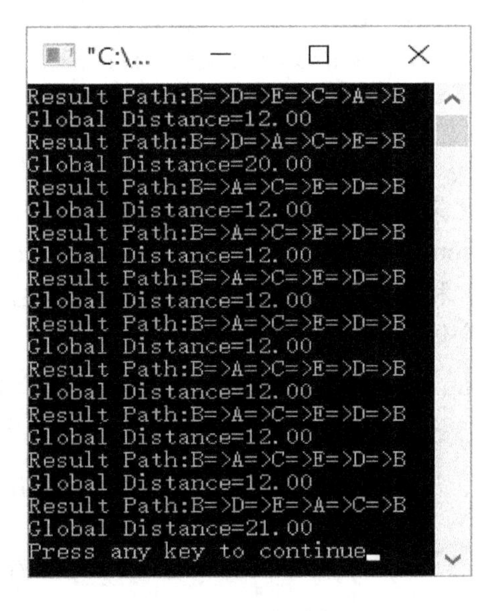

图 6.6　运行结果

6.3.6 函数极值求解

有些函数在定义域内可能存在多个极值，甚至有些只是局部最大（或最小），全局最优搜索可实现全局最大（或最小）值的求解，且不容易陷入局部最优。

（1）数学函数。已知函数 $f = \sin(x_0) + \sin(x_1)$，$x_0$ 与 x_1 的区间均为[0, 720]（单位为度）。由于 C 语言中的三角函数以弧度为单位，因此在函数实现时需要进行角度单位转换。

```
#include "math.h"
double f(double x0, double x1)            //待求解的函数
{
    double y;
    x0=3.14159/180*x0;                    //角度单位由度转换为弧度
    x1=3.14159/180*x1;
    y=sin(x0)+sin(x1);                    //函数求解
    return y;
}
```

为了提高程序的复用性，函数抽象为通用函数 fun。在求解其他函数的极值问题时，只需要变换函数 f 即可，具体如下：

```
double fun(double *xs, double (f)())
{
    return f(xs[0], xs[1]);
}
```

如函数 $y = 3(1-x_1)^2 \mathrm{e}^{-x_1^2-(x_2+1)^2} - 10\left(\dfrac{x_1}{5} - x_1^3 - x_2^5\right)\mathrm{e}^{-x_1^2-x_2^2} - \dfrac{1}{3}\mathrm{e}^{-(x_1+1)^2-x_2^2}$，在[−5, 5]区间内求解极值，重新定义函数如下：

```
double f(double x1, double x2)          //待求解的函数
{
    double y;
    y=3*(1-x1)*(1-x1)*exp(-(x1*x1)-(x2+1)*(x2+1))
      -10*(x1/5-x1*x1*x1-x2*x2*x2*x2*x2)*exp(-x1*x1-x2*x2)
      -exp(-(x1+1)*(x1+1)-x2*x2)/3;
    return y;
}
```

（2）问题表示和存储。定义染色体个体类型为 INDIVIDUAL，包含染色体由二进制基因位 0 或 1 构成，并由成员 chrom 表示，设置最长染色体长度为 MAXCHROMLENGTH。针对多元函数（如变量个数不同）和求解精度（编码程度 λ），需要设置染色体的真实长度 length。作为染色体个体，需要设置个体的适应度值 fitness。

```
#define MAXCHROMLENGTH 250               //染色体的最大长度
typedef struct                           //定义染色体个体的结构体
{
    int chrom[MAXCHROMLENGTH];           //染色体的二进制表达形式
    int length;                          //染色体的实际长度
    double fitness;                      //染色体的适应值
}INDIVIDUAL;
```

（3）单个变量编码和解码。根据式（6.1）和式（6.2）可以对任意给定以变量 x 进行二进制编码 Conding 和解码 Decoding。对变量 x 的编码和解码涉及到二进制编码 code 的长度 lamda 和区间[$x$min, $x$max]。以下代码的变量、编解码长度、最大值和最小值用指针表示。

① Coding 对数据进行二进制编码。

```
void Coding(int code[], int *lamda, double *x, double *xmin, double *xmax)
                                                    //变量编码
{   //按区间[xmin,xmax]和二进制编码的长度 lamda 对数据 x 进行二进制编码
    int i,count;
    double delta;                                   //精度δ
    for(i=0; i<*lamda; i++) code[i]=0;              //默认每位均为 0
    delta=(*xmax-*xmin)/(pow(2,*lamda)-1);          //计算精度
    count=(int)((*x-*xmin)/delta+0.5);              //计算相对整数，即δ的个数
    i=0;
    while(count)
    {
        code[i++]=count%2;                          //求余数 0 或 1
        count=count/2;                              //求商，即放弃个位数字
    }
}
```

② Decoding 对二进制的编码进行解码进而转化为数据。

```
void Decoding(int code[], int *lamda, double *x, double *xmin, double *xmax)
                                                    //变量解码
{ //根据二进制编码的长度 lamda 和数据区间[xmin,xmax]对二进制编码进行解码 x
    int i,pw=1;
    double delta;                                   //精度δ
    delta=(*xmax-*xmin)/(pow(2,*lamda)-1);          //计算精度
    *x=0;                                           //默认相对整数的解码为 0
    for(i=0;i<*lamda;i++)                           //根据实际长度逐一解码
    {
        *x=*x+code[i]*pw;                       //二进制码 0 或 1 乘以基数,计算相对数值
        pw=pw*2;                                    //进位，乘以基数
    }
    *x=*x*delta+*xmin;                              //计算实际数值
}
```

（4）染色体个体的编码和解码。

由于多元函数存在多个变量，因此需要统一由一个染色体个体表示。对于多元（num）的变量集合为 xs，其对应的区间最小集合为 xmins、最大值集合为 xmaxs、二进制编码的长度集合为 lamdas。染色体个体的适应度值为数学函数 fun 的值。

① ChromCoding 对多变量进行统一的二进制染色体编码，即多变量形成一条染色体。

```
#include "malloc.h"
void ChromCoding(INDIVIDUAL *indi, int num, double *xs, int *lamdas,
          double *xmins, double *xmaxs, double (*fun)())
                                                    //对染色体个体编码
    //个数为 num 的一组数据 xs，根据各自对应的步长 lamda 和区间[xmin, xmax]
```

```
    //以及适应函数 fun 进行染色个体的编码 indi
{
    int i,j,k, maxlamda=0;
    int *code;                          //二进制编码
    indi->fitness=fun(xs,f);            //个体适应度值为函数值
    indi->length=0;                     //个体 indi 实际长度为各变量对应长度之和
    for(i=0; i<num; i++)
    {
        indi->length+=lamdas[i];      //每个变量编码长度均为 lamdas[i]
        if(maxlamda<lamdas[i]) maxlamda=lamdas[i];    //各变量对应的最大长度
    }
    code=(int*)malloc(maxlamda*sizeof(int));    //分配二进制编码空间
    j=0;                                //个体编码的下标
    for(i=0; i<num; i++)
    {
        Coding(code, lamdas++, xs++, xmins++, xmaxs++); //对第 i 个变量进行编码
        for(k=0; k<*(lamdas-1); k++,j++)
                indi->chrom[j]=code[k]; //将二进制编码 code 逐位放置于个体中
    }
    free(code);                         //回收代码空间
}
```

② ChromDecoding 将一条染色体解码为多个变量。

```
void ChromDecoding(INDIVIDUAL *indi, int num, double *xs, int *lamdas,
                    double *xmins, double *xmaxs)//染色体个体解码
    //染色体个体的编码 indi 根据个数 num、各自对应的长度 lamda 和区间[xmin, xmax]
    //对个体进行解码，解码成一组数据 xs
{
    int i, lamda=0;
    for(i=0; i<num; i++)                            //逐个数据解码
    {                                               //第 i 个数据解码 xs[i]
        Decoding(indi->chrom+lamda, lamdas++, xs++, xmins++, xmaxs++);
        lamda+=*(lamdas-1);                         //下一个解码的长度
    }
}
```

（5）初始化染色体种群及其适应值的评估。根据变量个数 num 和变量二进制编码长度集合 lamdas 将染色体种群初始化成规模为 popsize 的种群 population。

① InitPopulation 将多变量初始化为一个种群，表示多个可能解。

```
#include "time.h"
void InitPopulation(int popsize, INDIVIDUAL population[], int num, int *lamdas)
                                                    //初始化
    //根据种群规模 popsize、变量个数 num 及每个变量的编码长度 lamdas 初始化种群 population
{
    int i, j, chromlength=0;
    for(i=0;i<num;i++) chromlength+=lamdas[i];      //计算染色体个体的实际长度
    srand((unsigned)time(NULL));                    //以当前时间为随机数种子
```

```
    for(i=0; i<popsize; i++)                        //初始化每个个体
    {
        population[i].length=chromlength;           //染色体个体的实际长度
        for(j=0; j<chromlength; j++)                //染色体个体的每个基因位
            population[i].chrom[j]=(rand()%10<5)?0:1; //根据随机数置为 0 或 1
    }
}
```

根据数学函数 fun、变量个数 num、变量编码长度集合 lamdas、变量最小值和最大值集合 xmins、xmaxs 来计算染色体个体 indi 的适应度值。

② EvaluateIndividual 计算每条染色体的适应度函数值，即函数值。

```
void EvaluateIndividual(INDIVIDUAL *indi, int num, int *lamdas,
                    double *xmins, double *xmaxs, double (*fun)())
                                                //对个体适应度值的评估
//对染色体个体 indi 的适应度值进行评估计算
{
    double *xs;
    xs=(double *)malloc(num*sizeof(double));    //分配一组变量空间
   ChromDecoding(indi, num, xs, lamdas, xmins, xmaxs);
                                                //将个体indi 解码为一组变量xs
    indi->fitness=fun(xs,f);                    //适应度值为数学函数值
    free(xs);                                   //回收一组变量
}
```

在估计染色体个体适应度值的基础上，根据染色体群体规模 popsize 对染色体种群 population 中的每个染色体个体进行适应度值评估。

③ EvaluatePopulation 计算种群中每条染色体的适应度函数值，即种群中每个个体函数值。

```
void EvaluatePopulation(int popsize,INDIVIDUAL population[],int num,
                int *lamdas, double *xmins, double *xmaxs, double (*fun)())
                                                //对群体适应度值的评估
    //对种群 population 中的每个个体的适应度值进行评估计算
{
    int i;
    for(i=0;i<popsize;i++)                  //对种群中每个个体适应度值的评估
      EvaluateIndividual(population+i, num, lamdas, xmins, xmaxs,fun);
                                            //评估第 i 个个体
}
```

（6）染色体种群最优个体和当前最优个体。

根据染色体种群规模 popsize，从染色体种群 population 中获取最优染色体个体 bestindividual。

① GetBestIndividual 获取种群中最优的染色体个体。

```
void GetBestIndividual(int popsize, INDIVIDUAL population[],
                INDIVIDUAL *bestindividual)     //种群中的最优个体
   //种群 population 中适应度值最大的个体 bestindividual
{
    int i;
```

```
        *bestindividual = population[0];                //默认最优个体
        for (i=1; i<popsize; i++)                       //依次比较
            if (population[i].fitness>bestindividual->fitness)
                                                        //当前第 i 个个体是否更优
                *bestindividual = population[i];        //更新最优个体
    }
```

在全局搜索过程中，种群逐代进化（搜索），每代都有最优个体 bestindividual，也有进化过程中迄今为止当前最优个体 currentbestindividual。

```
    #define STATUS int                      //状态类型，逻辑真、假
    #define TRUE 1                          //逻辑真
    #define FALSE 0                         //逻辑假
```

② UpdateCurrentIndividual 在每次遗传进化过程中更新当前最优个体。

```
    STATUS UpdateCurrentIndividual(INDIVIDUAL *bestindividual,
     INDIVIDUAL *currentbestindividual)           //更新当前最优个体
      //在进化过程中迄今最优个体currentbestindividual与种群中最优个体bestindividual的比较
    {
        STATUS flag=FALSE;                        //比较结果的默认值
        if (bestindividual->fitness>currentbestindividual->fitness)
                                                  //种群个体更优
        {
            *currentbestindividual = *bestindividual; //更新当前最优个体
            flag=TRUE;                            //更新比较结果
        }
        return flag;                              //返回是否更新当前最优个体
    }
```

（7）遗传算子。

① SelectOperator（选择算子）根据种群染色体适应值的大小确定每条染色体的概率分布。采用轮盘赌选择法选取染色体个体重新构成种群规模为 popsize 的种群 population。

```
    void SelectOperator(int popsize, INDIVIDUAL population[])   //选择算子
      //采用轮盘赌选择法从种群populaition中选取群体规模为popsize的个体构成新种群
    {
        int i, j;
        double p, sum, minfitness;  //p存放随机概率，sum存放个体适应率和累计适应率
        double *prop;               //当代种群染色体个体的适应率
        INDIVIDUAL *newpopulation;                  //新种群
        prop=(double*)malloc(popsize*sizeof(double));//分配概率空间和新种群空间
        newpopulation=(INDIVIDUAL*)malloc(popsize*sizeof(INDIVIDUAL));
        minfitness=population[0].fitness;           //种群中的最小适应度值
        for (i=1; i<popsize; i++)               //更新种群中的最小适应度值
          if minfitness>population[i].fitness) minfitness=population[i].fitness;
        prop[0]=population[0].fitness-minfitness;
                                    //相对偏移最小值，考虑有些函数值为负数的情况
        sum=population[0].fitness-minfitness; //相对偏移值之和
        for (i=1; i<popsize; i++)               //每个个体
```

```
    {
      sum += population[i].fitness-minfitness; //sum存放种群适应值偏移后的总和
      prop[i]=prop[i-1]+population[i].fitness-minfitness;
                                        //当前项以前所有适应度偏移值之和
    }
    for (i=0; i<popsize; i++) prop[i] = prop[i]/sum; //当前项偏移前的总和
    for(i=0; i<popsize; i++)                //利用轮盘赌选择法选择popsize个个体
    {
        p=rand() % 10000/10000.0;           //得到万分位小数的小数，即随机概率
        for(j=0; prop[j]<p; j++);           //转动轮盘
        newpopulation[i] = population[j]; //选出个体暂时存放于newpopulation中
    }
    for(i=0; i<popsize; i++)
        population[i] = newpopulation[i]    //更新种群populaiton
    free(prop);                             //回收概率空间
    free(newpopulation);                    //回收种群空间
}
```

② CrossoverOperator（交叉算子）根据交叉概率pc依次选取种群中染色体个体及其随机其他个体，并随机确定两条染色体的基因位，将该位后的所有基因依次交换，进而产生两个新个体，并最终生成新种群。

```
void CrossoverOperator(int popsize, INDIVIDUAL population[], double pc)
                                        //交叉算子
   //根据交叉概率pc对种群population中的个体进行随机选取，
    //并随机确定交叉点进行交叉生成新个体的同时进一步组建成新种群
{
    int i, j, *index, point, temp;
    double p;
   int chromlength=population[0].length;   //染色体个体的长度
    index=(int *)malloc(popsize*sizeof(int)); //分配一组索引空间作为种群个体索引
    for (i=0; i<popsize; i++) index[i]=i;   //初始化index为个体下标
    for (i=0; i<popsize; i++)           //种群内随机两两交换索引，打乱种群顺序
    {
        j=rand()%(popsize-i);               //随机产生下标
        temp=index[i];                      //交换索引，索引发生变化
        index[i]=index[j+i];
        index[j+i]=temp;
    }
    for (i=0; i<popsize-1; i+= 2)           //index在逻辑上连接相邻两条染色体
    {
        p=rand()%1000/1000.0;               //选取个体概率
        if (p<pc)                           //第index[i]个个体被选
        {
            point=rand()%(chromlength-1)+1; //随机确定交叉点的位置
            for (j=point; j<chromlength; j++)   //在交叉点后进行基因交换
```

```
                {               //在第 index[i]、index[i+1]个体的 point 后进行基因交换
                    temp=population[index[i]].chrom[j];
                    population[index[i]].chrom[j]=population[index[i+1]].chrom[j];
                    population[index[i+1]].chrom[j]=temp;
                }
            }
        }
        free(index);                                        //回收所有空间
    }
```

③ MutateOperator（变异算子）根据变异概率 pm 对染色体种群中所有染色体的所有基因依次进行变异，产生新染色体种群。

```
    void (int popsize, INDIVIDUAL population[], double pm) //变异算子
      //根据变异概率 pm 对种群 population 中所有基因位 0 或 1 变异生成新种群
    {
        int i, j, chromlength;
        double p;
        chromlength=population[0].length;           //染色体个体的长度
        for (i=0; i<popsize; i++)                   //所有染色体个体
            for (j=0; j<chromlength; j++)           //所有基因位
            {
                p=rand()%1000/1000.0;               //每个基因位的随机概率
                if (p<pm)                           //决定是否变异
                    population[i].chrom[j]=(population[i].chrom[j]==0)?1:0;
                                                    //0 变为 1 或 1 变为 0
            }
    }
```

（8）新生代生成与进化。GenerateNextPopulation 在选择算子、交叉算子和变异算子基础上，根据交叉概率 pc、变异概率 pm、染色体种群规模 popsize 和种群 population 生成新一代种群。

```
    void GenerateNextPopulation(int popsize, INDIVIDUAL population[],
                                double pc, double pm)  //生成新一代种群
      //根据交叉概率 pc 和变异概率 pm，通过 3 个遗传算子由种群 population 生成新种群
    {
        SelectOperator(popsize,population);              //通过选择算子生成种群
        CrossoverOperator(popsize,population,pc);        //通过交叉算子生成种群
        MutateOperator(popsize,population,pm);           //通过变异算子生成种群
    }
```

根据遗传算法的基本要求，在变量编码、染色体群体随机初始化、染色体群体适应值评估、遗传算子和新种群生成等基础上，实现对全局搜索函数最优问题的求解。问题求解结束条件是连续进化若干次而当前最优个体保持不变，即最优解已经稳定。综合上述各函数具体实现如下：

```
    void GA(int popsize, int num, int *lamdas, double *xmins, double *xmaxs,
            doublepc, doublepm, intgeneration, INDIVIDUAL*currentbestindividual,
```

```
    double (*fun)())                            //进化
  //给定数据个数 num、一组二进制编码长度 lamda、一组数据区间[xmin,xmax],
  //交叉概率 pc,变异概率 pm,问题求解过程的连续精度不变
  //进化代数 generation,待求解函数 fun,求解结果当前最优个体 currentbestindividual
{
  int i=0;
  INDIVIDUAL *population,bestindividual,oldbestindividual;
  population=(INDIVIDUAL *)malloc(popsize*sizeof(INDIVIDUAL));
                                                //分配种群单元
  InitPopulation(popsize,population, num, lamdas);
                                        //初始化种群,评估新一代种群中的每个个体
  EvaluatePopulation(popsize,population,num, lamdas, xmins, xmaxs,fun);
  bestindividual=population[0];                 //默认种群中的最优个体
  for(i=1; i<popsize; i++)                      //其他个体
      if(population[i].fitness>bestindividual.fitness)
                                                //依次比较,找出最佳个体
          bestindividual=population[i];
  *currentbestindividual=bestindividual;        //迄今为止的最优个体
  oldbestindividual=bestindividual;             //过去连续不变的最优个体
  i=0;
  while(i<generation)                       //连续进化 generation 代最优个体不变
  {
    GenerateNextPopulation(popsize,population,pc,pm);  //产生新一代种群
                                                //评估新一代种群的所有个体
    EvaluatePopulation(popsize,population,num, lamdas, xmins,
          xmaxs,fun);
    GetBestIndividual(popsize,population,&bestindividual);
                                                //获取新一代中最优个体
    UpdateCurrentIndividual(&bestindividual,currentbestindividual);
                                                //更新当前最优
    if(fabs(currentbestindividual->fitness-oldbestindividual.fitness)<1e-5)
                                                //相等,没有更新
          i++;
    else
      {
          oldbestindividual=*currentbestindividual;
          i=0;
      }
  }
  free(population);
}
```

(9)应用实例。已知函数 $y = \sin(x_0)+\sin(x_1)$,x_0 和 x_1 的区间均为[0, 720](单位为度),求解函数的最大值及其对应的自变量值。

```
#include "stdio.h"
void main()
{
    int num=2, lamdas[]={20,20}; //函数的变量数为 2，二进制位长度均为 20
    double xmins[]={0,0}, xmaxs[]={720,720};  //两个变量的最小值为 0、最大值为 720
    double xs[2];                       //解码后两个变量分别为 xs[0]和 xs[1]
    int i, j, k, popsize=48;            //循环变量和种群规模均为 48
    double pc = 0.8;                    //交叉率为 0.25～0.99
    double pm = 0.05;                   //变异率为 0.001～0.1
    int generation=200;                 //连续进化 200 代，若当前最优值不变，则认为收敛
    int count=10;                       //求解 10 次，检查是否多次收敛于最优个体
    INDIVIDUAL bestindividual,currentbestindividual;
                                        //种群中的最优个体和当前最优个体
    for(i=0; i<count; i++)              //求 count 次
    {
        GA(popsize, num, lamdas, xmins, xmaxs,              //求解当前最优个体
            pc, pm,generation, &currentbestindividual, fun);
        ChromDecoding(&currentbestindividual, num, xs,  //解码当前最优个体
            lamdas, xmins, xmaxs,fun);
        printf("Result:");                                 //显示结果
        for(j=0;j<num;j++) printf("x%-d=%-10lf  ", j+1, xs[j]);
                                                           //显示自变量的值
        printf("y=%lf\n",currentbestindividual.fitness); //显示函数值
        for(j=0; j<32767; j++)                        //延迟，随机数种子起作用
            for(k=0; k<32767; k++);
    }
}
```

运行结果如图 6.7 所示。可以看出，求解 10 次均能求解函数的最大值。若采用不同的二进制编码长度（不同求解精度），则求解结果存在偏差。

又如，已知函数 $y=3(1-x_1)^2\mathrm{e}^{-x_1^2-(x_2+1)^2}-10\left(\dfrac{x_1}{5}-x_1^3-x_2^5\right)\mathrm{e}^{-x_1^2-x_2^2}-\dfrac{1}{3}\mathrm{e}^{-(x_1+1)^2-x_2^2}$，$x_1$、$x_2$ 的有效区间均为[−5, 5]。对该区间内的极值求解具有一个全局最优解和多个局部最优解，运行结果如图 6.8 所示。可以看到不同于局部搜索，该搜索有较大可能性收敛到局部最优，全局搜索具有并行性和全局性的状态，因此该搜索收敛到局部最优的可能性要小很多。

```
"C:\Users\admin\...
x1=449.864473  x2=89.933481   y=1.999997
x1=90.032358   x2=450.442629  y=1.999970
x1=90.263758   x2=89.856577   y=1.999986
x1=449.931078  x2=90.522624   y=1.999958
x1=449.847994  x2=450.173464  y=1.999992
x1=450.029955  x2=89.292154   y=1.999924
x1=450.005236  x2=89.601831   y=1.999976
x1=91.367198   x2=449.120149  y=1.999597
x1=89.905329   x2=90.213633   y=1.999992
x1=449.900179  x2=450.099993  y=1.999997
Press any key to continue
```

图 6.7　运行结果

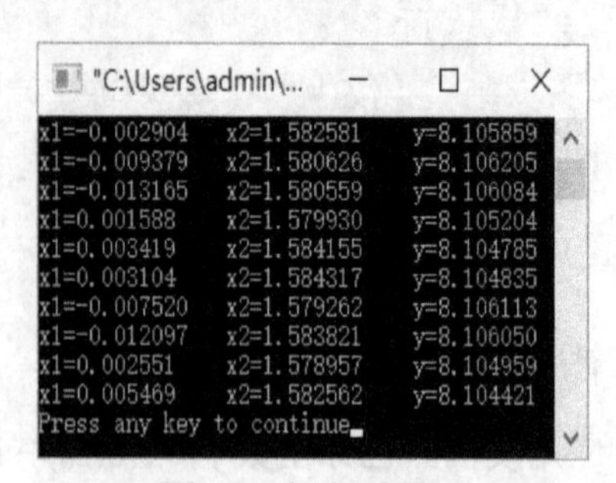

图 6.8　运行结果

之前描述的遗传算法的实现是基于递推的思路，读者可自行实现基于递归的遗传算法。

6.4 本章小结

全局最优搜索算法具有全空间、并行性、不可回溯启发式与概率进化相结合的特点，该算法求解的往往是隐式最优目标。全空间和并行性搜索（如遗传算法中的染色体种群、交叉和变异成为新的染色体个体）一方面扩大了搜索范围，另一方面多个节点同时进行搜索，这样容易跳出局部最优而获取全局最优解，确保获取好的求解结果。这类搜索只关注结果（如旅行商最短路径和函数极值等），而不关注求解路径（即初始状态→若干中间状态→目标状态），因此，采用不可回溯策略而没有采用线性空间（如堆栈或队列）存储所有的搜索状态（节点），避免了内存空间资源的组合爆炸。通过启发式信息（如遗传算法中适应度）明确问题的搜索方向，尽快获得最优解，确保求解效率。全局最优搜索中的启发式信息只反映当前状态对搜索的未来结果评估。若当前状态更优，则其发展往往也会更优，但也有可能不是很理想，而有些状态并不优，也可能以后发展为更优。因此，采用概率（如遗传算法中轮盘赌选择法的选择概率）选择待发展（派生）状态，确保了较优状态发展为更优，也确保了非较优状态有尝试发展成为最优的机会，但确保问题求解过程总是朝着目标方向进行的。全局最优搜索求解往往也是只知道目标存在，但不知道目标是什么，即隐式目标求解。

全局最优搜索过程主要包括若干初始状态（节点）、搜索算子（新状态生成）和求解结束条件（收敛条件）。遗传算法是全局最优搜索经典算法之一，主要包括问题描述与染色体编码/解码、染色体适应度、染色体种群初始化、染色体进化遗传算子（选择、交叉、变异）、进化过程当前最优与种群最优染色体个体和进化结束条件等，可用于求解组合最优问题和函数极值问题。对于组合最优问题的求解（离散问题的求解），对染色体进行二进制编码（基因），1 表示采纳，0 表示拒绝，染色体长度取决于真实个体数，适应度函数就是目标函数；对函数极值进行求解（连续问题求解），在自变量有效区间内，染色体二进制编码（基因）长度决定自变量和函数值的精确度（搜索步长），也就是经过染色体编码和解码过程，编码前和解码后的数据存在误差。对于多元函数，染色体统一表示多个变量。适应度函数与函数紧密相关，经常以函数为适应度函数，设置染色体种群，实现全局并行搜索。通过选择算子使较优染色体以较大概率被选取，确保较优个体进化，较差个体多数被淘汰。通过交叉算子按一定概率（交叉概率）随机选取两条染色体，并随机确定染色体交叉位置进行交换产生新个体。这个新个体的生成可以在全空间（新旧个体差异性大，实现大范围搜索）范围内，进而实现全局搜索。为了产生更多新个体，交叉概率往往设置较大，即随机选取两条染色体的概率较大。通过变异算子按一定概率（变异概率）随机变异种群中的所有基因位，进而产生新个体，实现全局搜索。为了确保搜索的收敛性，变异概率设置小一些，即基因位变异的可能性小一些，搜索步长小一些，搜索范围小一些，也就实现了局部搜索（新旧个体的差异性小，实现小范围内的搜索）。交叉概率和变异概率决定种群染色体的多样性，并且避免了搜索陷入局部最优。但若这两个概率设置不合适，则会引起搜索过程的不稳定，难于趋向目标，因此，需要考察每代的最优个体和在进化过程中当前的最优个体（进化过程中的全局性、全过程性的个体）。遗传算法在求解过程中，需要指定搜索结束条件，如执行若干代强制结束或连续进行若干代当前最优个体不变则表示搜索已收敛，还可以以其他条件结束。

习题 6

1．叙述局部最优搜索和高级搜索的特点。

2．0-1 背包问题：已知容积为 V 的背包，n 个体积分别为 a_i（$i=1, 2, \cdots, n$）的物体，价值分别为 c_i，如何装包可以确保背包内物体价值最大？如 $V=10$，物体 a, b, c, d, e 大小分别为 2, 2, 6, 5, 4，其对应价值分别为 6, 3, 5, 4, 6，求装入哪些物体时背包内物体价值最大？

3．设计一个多峰函数，求解其极值。

4．实现粒子群算法，分别应用于组合优化和函数极值求解。

5．采用基于递归的思路实现遗传算法并将其应用到组合优化和函数优化中。

第7章 规则树搜索

前面几章介绍了搜索策略、求解目标和路径。在这些搜索过程中，从当前节点到其他节点的搜索过程相对简单，即从一个节点到另一个节点的搜索过程，如图搜索节点的派生，或局部最优搜索和全局最优搜索过程中新节点生成的规则相对简单，尤其局部最优搜索或全局最优搜索从随机起始节点开始求解隐式目标（只知道目标存在，但不知道目标是什么），往往不要求求解路径（如何从起始节点经过哪些节点到达目标节点），但有时需要组合搜索空间中的节点来确定搜索方向，而且需要求解隐式目标及其路径，基于产生式规则（决策规则）的问题求解可以用搜索思路进行描述。

7.1 事实与规则

用来描述客观存在的现象、事物统称为事实（fact），如动物园里的动物众多，动物具有多种特征，包括动物有毛发和动物有羽毛等。从状态空间问题求解来看，事实就是状态空间中的节点。事实间的依赖关系统称为规则、决策规则或产生式规则，如“如果动物有毛发，那么动物是哺乳动物。”表明由事实“动物有毛发”推理出事实“动物是哺乳动物”，或事实“动物是哺乳动物”取决于事实“动物有毛发”。产生式规则（rule）可以表示为

如果　　<前提 0>…<前提 m–1>，那么<结论 0>…<结论 m–1>

或

<前提 0>…<前提 m–1>=><结论 0>…<结论 m–1>

其中，“前提”和“结论”都是事实。如以下规则的集合，其中圆括号表示事实的编码，如“动物能下奶”用“A”表示，“哺乳动物”用“1”表示，“/”表示“并且”。

rule1：如果动物能下奶（A）
　　那么该动物是哺乳动物（1）

rule2：如果动物有羽毛（B）
　　那么该动物是鸟类（2）

rule3：如果动物能飞（C）/动物能下蛋（D）
　　那么该动物是鸟类（2）

rule4：如果动物吃肉（E）
　　那么该动物是食肉动物（3）

rule5：如果动物有锋利的牙齿（F）/动物有爪子（G）/动物有前向眼（H）
　　那么该动物是食肉动物（3）

rule6：如果动物是哺乳动物（1）/动物有蹄子（I）
　　那么该动物是有蹄类动物（4）
rule7：如果动物是哺乳动物（1）/动物是咀嚼反刍的（J）
　　那么该动物是有蹄类动物（4）/有偶数个脚趾动物（5）
rule8：如果动物是哺乳动物（1）/动物是食肉动物（3）/动物有黄褐色毛发（K）/动物有黑斑（L）
　　那么该动物是非洲猎豹（6）
rule9：如果动物是哺乳动物（1）/动物是食肉动物（3）/动物有黄褐色毛发（M）/动物有黑条纹（N）
　　那么该动物是老虎（7）
rule10：如果动物是有蹄类（4）/动物有长颈（O）/动物有长腿（P）/动物有黑斑（Q）
　　那么该动物是长颈鹿（8）
rule11：如果动物是有蹄类（4）/动物有黑条纹（N）
　　那么该动物是斑马（9）
rule12：如果该动物是鸟类（2）/动物不能飞（C）/动物有长颈（O）/动物有长腿（P）/动物是黑白的（R）
　　那么该动物是鸵鸟（10）
rule13：如果动物是鸟类（2）/动物不能飞（C）/动物能游泳（S）/动物是黑白的（R）
　　那么该动物是企鹅（11）
rule14：如果该动物是鸟类（2）/动物擅长飞翔（T）
　　那么该动物是信天翁（12）

以上事实及其编码构成事实字典（见表 7.1）。所有规则中事实的联系构成多个根的树，即规则树（见图 7.1）。规则树实际上是与/或树。若干事实的集合为事实库 facts，若干规则的集合为规则库 rules。事实与规则统称为知识，规则集合和事实集合统称为知识库 knowledge base。

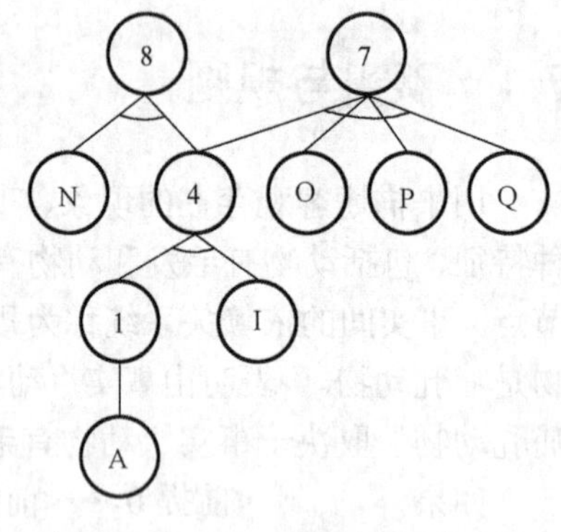

图 7.1　规则树

表 7.1　事实字典

编码	事实	编码	事实	编码	事实
A	动物能下奶	L	动物有黑斑	1	动物是哺乳动物
B	动物有羽毛	M	动物有黄褐色毛发	2	动物是鸟类
C	动物能飞	N	动物有黑条纹	3	动物是食肉动物
D	动物能下蛋	O	动物有长颈	4	动物是有蹄类动物
E	动物吃肉	P	动物有长腿	5	动物是有偶数个脚趾动物
F	动物有锋利的牙齿	Q	动物有黑斑	6	动物是非洲猎豹
G	动物有爪子	R	动物是黑白的	7	动物是老虎
H	动物有前向眼	S	动物能游泳	8	动物是长颈鹿
I	动物有蹄子	T	动物擅长飞翔	9	动物是斑马
J	动物是咀嚼反刍的			10	动物是鸵鸟
K	动物有黄褐色毛发			11	动物是企鹅
				12	动物是信天翁

从已知若干事实中，通过对规则库的搜索能够实现问题的求解，如已知事实库 facts={动物能下奶（A)，动物有蹄子（I)，动物有黑条纹（N）}，可以获得该动物是斑马（9）的结果。

正向搜索（即推理）过程需要在监控下实现事实库与规则库的交互，如上述事实库 facts。利用规则库 rules 中的规则 rule1，获取事实“动物是哺乳动物（1)”，更新事实库；进一步利用规则库 rules 中的规则 rule 6，获取事实“动物是有蹄类动物（4)”，更新事实库；再利用规则库 rules 中的规则 rule11，获取事实“动物是斑马（9)”。产生式系统主要由 3 部分构成：监控机构、事实库和规则库（见图 7.2）。

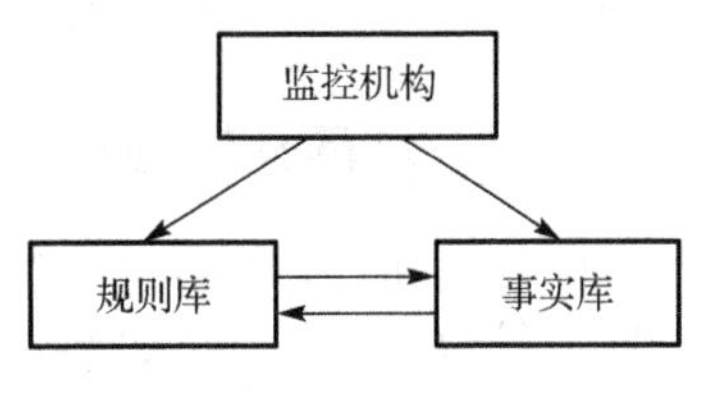

图 7.2 产生式系统

7.2 规则树正向搜索

从 7.1 节中可以看出，基于产生规则的问题求解需要解决两个核心问题：① 如何从规则库中找到合适的规则；② 如何判断规则的有效性并更新知识库。这两个核心问题分别对应产生式系统的搜索过程和基本过程，而在产生式系统的基本过程中，关键是搜索基本算子。

7.2.1 搜索基本算子

（1）匹配算子 match(rule, facts)。

```
If ∀rule.ifs⊆facts then          //所有前提是否均在事实库中
    return TRUE;                 //所有前提均在事实库中
Else
    return FALSE;                //至少有一个前提不在事实库中
Endif
```

其中，rule.ifs 表示产生式规则 rule 的所有前提。匹配算子表明：若一条规则的所有前提均在事实库中，则该规则就是可匹配的；否则就是不可匹配的。若一条规则在规则树的搜索过程中有效，则能够确保搜索正常进行，该规则必须可匹配。

（2）冲突算子 confict(rule, facts)。

```
If ∀rule.thens⊆facts then        //所有结论是否均在事实库中
    return TRUE;                 //所有结论均在事实库中
Else
     return FALSE;               //至少有一个结论不在事实库中
Endif
```

其中，rule.thens 表示产生式规则 rule 的所有结论。冲突算子表明：若一条规则的所有结论均在事实库中，则该规则就是冲突的，否则就是不冲突的，即至少有一个结论不在事实库中就不冲突。若一条规则在规则树的搜索过程中有效，则能够确保搜索正常进行，该规则必须不冲突。

（3）更新算子 update(rule, facts)。

```
If match(rule,fatcs) and not confict(rule,facts) then  //匹配且不冲突
    facts=rule.thens∪facts ;    //将结论加入事实库中
    return TRUE;
Else
    return FALSE;               //不匹配或冲突
Endif
```

更新算子表明：若一条规则是匹配的，并且不冲突，则规则结论就用于更新事实库，否则就不更新事实库。若一条规则在规则树的搜索过程中有效，则能够确保搜索进行，该规则必须匹配且不冲突，然后进一步更新事实库，即进行一步搜索。

7.2.2 正向搜索过程

规则树正向搜索过程可分为两个子过程：单步搜索（stepforward），如图 7.3 所示，以及通过单步搜索进行的持续搜索（deduce），如图 7.4 所示。

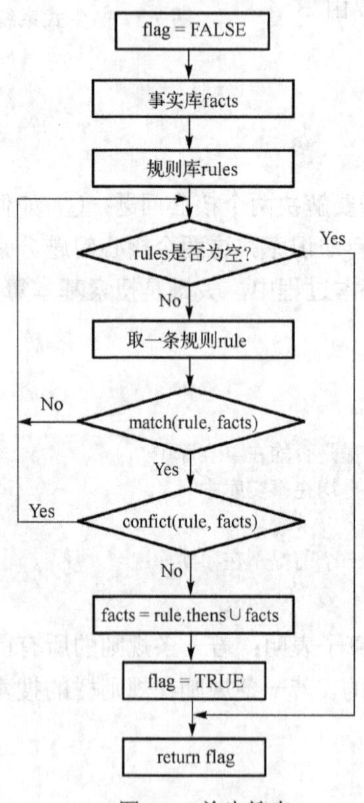

图 7.3 单步搜索

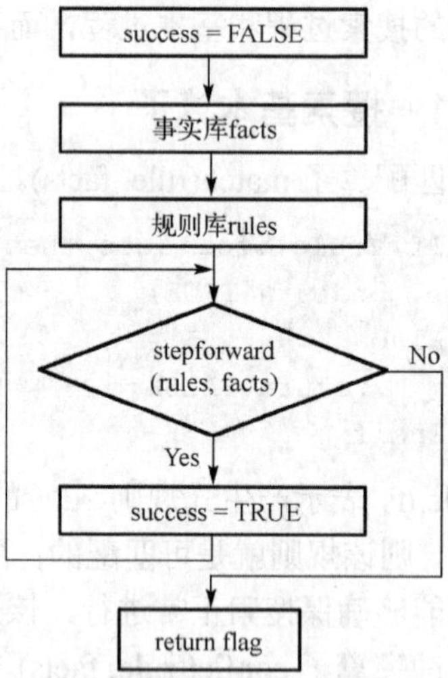

success = FALSE
事实库facts
规则库rules
stepforward (rules, facts)
No
Yes
success = TRUE
return flag

图 7.4 持续搜索

（1）单步搜索（stepforward）。

```
STATUS stepforward(rules, facts)
    For each rule∈rules                        //对任意规则
        flag=update(rule,facts);               //更新事实库情况
        If (flag==TURE) break;                 //事实库成功更新
    Endfor
    Return flag;                               //搜索是否前进一步
```

对于规则库和事实库，只要有一条规则匹配，并且不冲突，则追加新事实（结论），且更新事实库，返回 TRUE，即在规则树中的搜索前进一步；若规则库中所有规则都不匹配或匹配但是出现冲突，则返回 FALSE，即在规则树中的搜索没有前进。通过返回的 TRUE 或 FALSE 来判断是否又进行了一步搜索。

（2）持续搜索（deduce）。

```
STATUS deduce(rules, facts)
```

```
    success=FALSE;                           //对任意规则
    While(stepforward(rules,facts))          //反复搜索
        success=TRUE;
    Return success                           //搜索是否前进一步
```

对于规则库和事实库，若单步搜索成功，则持续反复执行单步搜索直至单步搜索失败。只要一次单步搜索成功，持续搜索就成功（返回 TRUE），否则持续搜索失败（返回 FALSE）。

7.2.3　基于规则树正向搜索问题的求解

基于规则树的正向搜索问题求解的典型应用就是专家系统。专家系统是模拟人类专家进行问题求解的软件系统，其核心是知识库和知识库搜索，即产生式系统，其在求解过程中除能够求解结果（目标）外，还能够求解过程（搜索路径）。除产生式系统外，专家系统一般还包括人机交互（输入/输出）和知识库维护等。下面以动物识别为例，介绍简单专家系统的实现，也就是基于规则树正向搜索问题的求解。

1. 动物识别专家系统的实现

（1）事实与规则的表示与存储。

```
#define FactSize 50                         //事实的最大长度
typedef char FACT[FactSize];                //事实类型 FACT
struct FACTNODE                             //事实节点类型
{
    FACT fact;                              //一个事实
   struct FACTNODE *next;                   //多个事实链接
};
typedef struct FACTNODE *FACTS;             //事实库(集合)类型 FACTS
```

例如，已知动物有黑斑、动物有黄褐色毛发、动物能下奶和动物有毛发这 4 个事实，构建事实库，如图 7.5 所示。

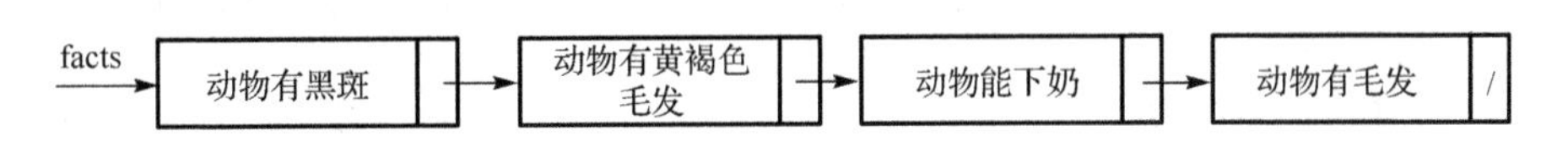

图 7.5　事实库

```
FACTS facts;
typedef struct                          //规则类型
{
    FACTS ifs;                          //多个前提（事实集合）ifs
    FACTS thens;                        //多个结论（事实集合）thens
} RULE;                                 //规则类型
struct RULENODE                         //规则节点类型
{
    RULE rule;                          //一条规则
    struct RULENODE *next;              //规则链接
};
typedef struct RULENODE *RULES;         //规则库类型
```

例如，已知规则：

rule2：如果动物有羽毛（B）
　　　那么该动物是鸟类（2）
rule3：如果动物能飞（C）/动物能下蛋（D）
　　　那么该动物是鸟类（2）
规则库如图 7.6 所示。

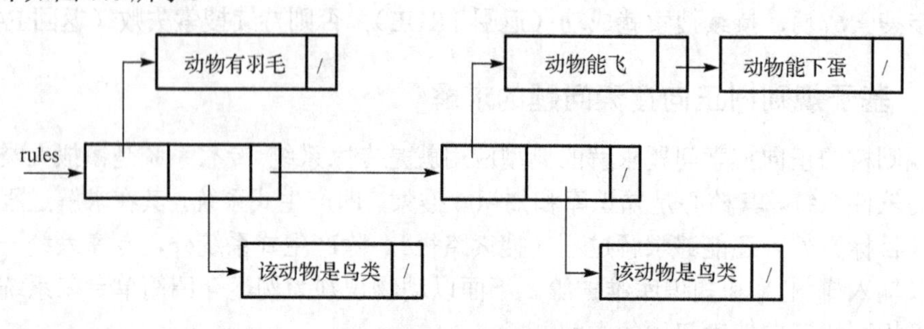

图 7.6　规则库

（2）事实库的创建与清除。

```
#include "stdio.h"
#include "malloc.h"
#include "string.h"
```

① 增加事实。AddAFact 在事实库中增加一个新事实。实际上这是在线性表中加入一个新元素的过程。

```
FACTS AddAFact(FACTS facts, FACT newfact) //在事实库 facts 中增加一个事实 newfact
{
    struct FACTNODE  *factnode, *lastnode;  //事实节点指针
    factnode=(struct FACTNODE *)malloc(sizeof(struct FACTNODE));
                                            //分配事实空间
    strcpy(factnode->fact, newfact);        //复制事实，形成节点
    factnode->next =NULL;
    if(facts==NULL)                         //事实库为空，创建事实库
        facts=factnode;
    else                                    //已有事实库
    {
        lastnode=facts;                     //事实库头指针
        while(lastnode->next!=NULL) lastnode=lastnode->next; //指针后移
        lastnode->next=factnode;            //插入事实节点
    }
    return facts;
}
```

② 显示所有事实。priFacts 显示事实库的全部内容。

```
void priFacts(FACTS facts)  //显示事实库所有事实，用分隔符“/”分隔多个字符
{
    while(facts!=NULL)                  //事实库存在
    {
        printf("%s",facts->fact);       //显示一个事实
```

```
        facts=facts->next;                    //指针后移
        if(facts!=NULL) printf(",");     //显示分隔符
    }
    printf("\n");
}
```

③ 将字符数组转换为多个字符串。用 CreateStr 把含有“/”的字符数组转换为多个字符串。

```
void CreateStr(char *factset)  //将字符数组转换为多个字符串，如图 7.7 所示
{     //把字符串中的事实分隔符“/”改为“\0”，即成为多个事实字符串
    char *c=factset;
    while(*c)
    {
        if(*c=='/') *c='\0';      //插入字符串结束标志
        c++;
    }
    c++;
    *c='\0';                      //多一个结束标志
}
```

factset →

动物有黑斑	/	动物有黄褐色毛发	/	动物能下奶	/	动物有毛发	\0

factset →

动物有黑斑	\0	动物有黄褐色毛发	\0	动物能下奶	\0	动物有毛发	\0

图 7.7　多字符串的生成

④ 将多个事实加入事实库中。用 CreateFacts 将多个事实加入事实库中。

```
FACTS CreateFacts(FACTS facts, char *factset)  //将若干事实加入事实库中
{          //将字符数组 factset 含有的多个事实逐一加入事实库 facts 中
    char *p=factset;                          //多个事实，用分隔符“/”隔开
    FACT fact;                                //事实
    CreateStr(factset);                       //将字符数组转换为多个事实
    while(*p)
    {
        strcpy(fact, p);                      //读取一个事实
        facts=AddAFact(facts, fact);          //将事实加入事实库中
        p+=strlen(fact)+1;                    //下一个事实
    }
    return facts;
}
```

⑤ 从文件创建事实库。用 CreateFactBase 从事实文件创建事实库。

```
FACTS CreateFactBase(FACTS facts, char *filename)  //从文件创建事实库
{ //从文件 filename 中读入多个事实，并加入事实库中，事实文件如图 7.8 所示
    FILE *fp;
    char factset[500];
    fp=fopen(filename,"r");                   //打开
    fscanf(fp,"%s", factset);                 //读取若干事实，用分隔符“/”隔开
```

```
    facts=CreateFacts(facts,factset);          //创建事实库
    fclose(fp);                                //关闭
    return facts;                              //获得事实库
}
```

事实库 - 记事本

文件(F) 编辑(E) 格式(O) 查看(V) 帮助(H)

动物有黑斑/动物有黄褐色毛发/动物是食肉动物/动物能下奶/动物有毛发

图 7.8　事实文件

⑥ 清除事实库。用 ClearFactBase 清除事实库，回收数据单元。

```
FACTS ClearFactBase(FACTS facts)            //回收事实库空间
{   //事实库是动态分配的空间，问题求解结束后需要回收该空间（每个事实空间）
    struct FACTNODE *fact=facts, *p;        //指针变量
    while(fact)                             //非空循环
    {
        p=fact;                             //暂时指针
        fact=fact->next;                    //指针前移
        free(p);                            //回收事实空间
    }
    return NULL;                            //没有空间
}
```

（3）规则库的创建与清除。

① 创建空事实库。用 InitRule 初始化空规则库。

```
RULE *InitRule()                            //初始化一条规则（空规则）
{
    RULE *rule;                             //指向规则的指针
    rule=(RULE *)malloc(sizeof(RULE));  //分配一条规则空间
    rule->ifs=NULL;                         //形成没有前提和结论的空规则
    rule->thens=NULL;
    return rule;
}
```

② 加入规则前提。用 AddAIf 在规则中加入一个事实作为规则前提。

```
void AddAIf(RULE *rule, FACT newfact)  //在规则 rule 中增加一个前提（事实）newfact
{
    rule->ifs=AddAFact(rule->ifs,newfact);  //加入一个前提（事实）
}
```

③ 加入规则结论。用 AddAThen 在规则中加入一个事实作为规则结论。

```
void AddAThen(RULE *rule, FACT newfact) //在规则 rule 中增加一个新结论（事实）newfact
{
    rule->thens=AddAFact(rule->thens,newfact);  //加入一个结论（事实）
}
```

④ 加入规则的所有前提。用 AddIfs 在规则中加入多个事实作为规则前提。

```
void AddIfs(RULE *rule, char *factset)  //在规则中增加多个前提
```

```
{
    char *p=factset;                    //多个事实字符串
    FACT fact;                          //一个事实
    CreateStr(factset);                 //将字符串转化为多个前提（事实）
    while(*p)                           //多个字符串
    {
        strcpy(fact, p);                //读取一个前提（事实）
        AddAIf(rule, fact);             //加入一个前提（事实）
        p+=strlen(fact)+1;              //下一个前提（事实）
    }
}
```

⑤ 加入规则的所有结论。用 **AddThens** 在规则中加入多个事实作为规则结论。

```
void AddThens(RULE *rule, char *factset)    //在规则中增加多个结论 factset
{
    char *p=factset;                //多个事实字符串
    FACT fact;                      //一个事实
    CreateStr(factset);             //将字符串转化为多个结论（事实）
    while(*p)                       //多个字符串
    {
        strcpy(fact,p);             //读取一个结论（事实）
        AddAThen(rule,fact);        //加入一个结论（事实）
        p+=strlen(fact)+1;          //下一个结论（事实）
    }
}
```

⑥ 创建规则。用 **CreateRule** 根据多个前提（事实）和多个结论（事实）创建一条规则。

```
RULE *CreateRule(char *ifset, char *thenset)
                                //根据字符数组 ifs 和 thens 创建一条规则
{
    RULE *rule;                 //规则指针
    rule=InitRule();            //创建空规则 rule
   AddIfs(rule, ifset);         //在规则 rule 中加入若干前提 ifs
   AddThens(rule, thenset) ;    //在规则 rule 中加入若干结论 thens
    return rule;
}
```

⑦ 将规则加入规则库中。用 **AddARule** 把一条规则加入规则库中。

```
RULES AddARule(RULES rules, RULE rule) //将一条规则 rule 增加到规则库 rules 中
{
    struct RULENODE *rulenode,*lastnode;
    rulenode=(struct RULENODE*)malloc(sizeof(struct RULENODE)); //规则节点空间
    rulenode->rule=rule;                    //在规则节点 rulenode 中加入规则 rule
    rulenode->next=NULL;
    if(rules==NULL)                         //创建规则库 rules
        rules=rulenode;
    else                                    //在已有规则库中加入新规则
    {
```

```
        lastnode=rules;          //在规则节点rulenode中加入规则库rules的尾部
        while(lastnode->next!=NULL) lastnode=lastnode->next; //lastnode指针后移
        lastnode->next=rulenode;
    }
    return rules;                        //加入到规则rule后的规则库rules中
}
```

⑧ 从文件创建规则库。用 CreateRuleBase 将规则库文件转换成文件规则库。

```
RULES CreateRuleBase(RULES rules, char *filename)
                                         //在文件filename中创建规则库rules
{
    RULE *rule;
    FILE *fp;                            //文件指针
    char ifset[5000], thenset[500];      //前提与结论的字符数组
    fp=fopen(filename,"r");              //打开并读入文本文件
    while(!feof(fp))                     //文件是否结束
    {
        fscanf(fp,"%s",ifset);           //读入若干前提，注意，分隔符“/”
        fscanf(fp,"%s",thenset);         //读入若干结论，注意，分隔符“/”
        rule=CreateRule(ifset+4, thenset+4); //创建一条规则rule，跳过“如果”“那么”
        rules=AddARule(rules,*rule);     //将新规则rule加入规则库rules中
    }
    fclose(fp);                          //关闭文件
    return rules;                        //获得规则库rules
}
```

⑨ 显示规则。用 priRule 显示一条规则。

```
void priRule(RULE *rule)             //显示事实的一条规则rule
{
    FACTS ifs, thens;                //规则的前提ifs和结论thens
    ifs=rule->ifs;
    thens=rule->thens;
    printf("IF ");                   //显示IF
    priFacts(ifs);                   //显示所有前提ifs
    printf("THEN ");                 //显示THEN
    priFacts(thens);                 //显示所有结论thens
}
```

⑩ 显示所有规则。用 priRules 显示多条规则。

```
void priRules(RULES rules)           //显示规则库rules
{
    while(rules)                     //规则库rules不为空
    {
        priRule(&(rules->rule));     //显示一条规则rule
        rules=rules->next;           //下一条规则
    }
}
```

⑪ 清除规则库。用 ClearRuleBase 清除规则库，回收数据单元。

```
RULES ClearRuleBase(RULES rules)     //回收规则库 rules 的空间
{
    struct RULENODE *rule=rules,*p;
    while(rule)                      //规则库是否为空
    {
        p=rule;                      //临时指针 p
        ClearFactBase(p->rule.ifs); //回收所有前提 ifs（事实库）
        ClearFactBase(p->rule.thens);//回收所有结论 thens（事实库）
        rule=rule->next;             //下一条规则
        free(p);                     //回收 p 指向的数据空间
    }
    return NULL;
}
```

（4）搜索基本算子。

```
#define STATUS int                   //逻辑状态类型
#define TRUE 1                       //逻辑真
#define FALSE 0                      //逻辑假
```

① 成员判定。用 member 判断一个事实是否在事实库中，返回 TRUE（表示“在”）或 FALSE（表示“不在”）。

```
STATUS member(FACT fact, FACTS facts)   //成员判断
{ //若事实 fact 是事实库 facts 的成员（元素），则返回 TRUE，否则返回 FALSE
    STATUS flag=FALSE;                  //默认事实不是事实库成员
    struct FACTNODE *p=facts;           //指向事实指针
    while(p)
        if(strcmp(p->fact, fact)==0)    //事实 fact 是否为事实库成员
        {
            flag=TRUE;                  //事实是事实库成员
            break;
        }
        else
            p=p->next;                  //下一个事实库成员
    return flag;                        //事实是否为事实库成员
}
```

② 匹配算子。用 match 判断多个事实是否匹配，若所有事实均在事实库中则为 TRUE，否则为 FALSE。

```
STATUS match(FACTS subfacts, FACTS facts) //判断若干成员
{ //若这些若干事实 subfacts 均为事实库 facts 的成员，则返回 TRUE，否则返回 FALSE
    STATUS flag=TRUE;                  //默认若干事实都是事实库成员
    struct FACTNODE *p=subfacts;       //指向若干事实
    while(p)
        if(!member(p->fact,facts))     //一个事实不是事实库成员
        {
            flag=FALSE;                //有一个事实不在事实库中
```

```
                break;
            }
            else
                p=p->next;                  //下一个事实
        return flag;
    }
```

③ 更新事实库算子。用 update 判断若至少有一个事实不在事实库中，则更新事实库，返回 TRUE；否则返回 FALSE。

```
    FACTS update(FACTS subfacts, FACTS facts, STATUS *flag)  //更新事实库
    {   //若干事实 subfacts 中只有一个事实不在事实库 facts 中，追加该事实
    //更新事实库 facts 并返回 TURE，否则不更新事实库并返回 FALSE
        struct FACTNODE *p=subfacts;          //若干实事指针
        *flag=FALSE;                          //默认为 FALSE，表示 facts 没有更新
        while(p)
            if(!member(p->fact,facts))        //事实不在事实库中
            {
                *flag=TRUE;                   //返回 TRUE，更新 facts
                facts=AddAFact(facts,p->fact);    //追加不在事实库中的事实
            }
            else
                p=p->next;                    //下一个事实
        return facts;
    }
```

④ 检测规则条件。用 testIfs 复用 match 测试多个事实的有效性。

```
    STATUS testIfs(FACTS ifs, FACTS facts)  //判断前提集合是否在事实库中
    {//若所有前提均在事实库中，则返回 TRUE，否则返回 FALSE
        return match(ifs,facts);
    }
```

⑤ 检测规则结论。用 testThens 复用 update 测试，得到 TRUE（更新事实库）或 FALSE。

```
    FACTS testThens(FACTS thens, FACTS facts, STATUS *flag) //判断结论集合
    {//若所有结论均在事实库中，则更新事实库，并返回 TRUE，否则返回 FALSE
        facts=update(thens, facts, flag);   //更新事实库
        return facts;
    }
```

⑥ 规则有效性判断。用 testRule 进行判断，若规则有效，则更新事实库并返回 TRUE，否则返回 FALSE。

```
    FACTS testRule(RULE *rule, FACTS facts, STATUS *flag) //判断规则是否有效
    { //若规则 rule 前提均在事实库 facts 中，并且 rule 至少有一个结论不在事实库中
    //更新事实库并返回 TRUE，否则不更新事实库并返回 FALSE
        *flag=FALSE;
        if(testIfs(rule->ifs,facts))                          //规则有效性
            facts=testThens(rule->thens, facts, flag); //更新事实库
        return facts;
    }
```

（5）单步搜索与持续搜索。

① 单步搜索。用 stepforward 进行判断，若成功进行了一步搜索，则更新事实库，返回 TRUE，否则返回 FALSE。

```
FACTS stepforward(RULES rules, FACTS facts, STATUS *flag) //进行一步搜索
{ //若规则库中有一条规则满足，则执行一步搜索，更新事实库，返回 TRUE
  //否则没有更新事实库，返回 FALSE
   do                                              //遍历规则库
   {
       facts=testRule(&(rules->rule), facts, flag);
                                                   //若有一条规则有效，则更新事实库
       if(*flag==TRUE)                             //判断更新事实库是否成功
       {
           priRule(&(rules->rule));                //显示用到的规则
           printf("===================\n");
           break;                                  //结束搜索
       }
       rules=rules->next;                          //下一条规则
   }while(rules);
   return facts;                            //得到更新的事实库或没有更新的事实库
}
```

② 持续搜索。用 deduce 进行判断，只要有一步搜索成功，则更新事实库，返回 TRUE，否则返回 FALSE。

```
FACTS deduce(RULES rules, FACTS facts, STATUS *flag)    //反复持续搜索
{ //只要有一个事实库更新，则反复持续进行单步搜索，得到更新后的事实库并返回 TRUE
  //否则不更新事实库，并返回 FALSE
   STATUS success=FALSE;                           //默认将反复持续搜索的状态设为失败
   while(TRUE)                                     //反复执行搜索
   {
       facts=stepforward(rules, facts, flag);      //单步搜索
       if(success==FALSE&&*flag==TRUE) success=TRUE;
                                                   //至少进行一次单步搜索
       if(*flag==FALSE) break;                     //单步搜索失败
   }
   *flag=success;                                  //判断是否进行了一次搜索
   return facts;
}
```

该过程基于递推的搜索过程，也可采用基于递归的搜索过程：

```
FACTS deduce(RULES rules, FACTS facts, STATUS *flag)    //反复持续搜索
{ //只要有一个事实库更新，则反复持续进行单步搜索，得到更新后的事实库并返回 TRUE
  //否则不更新事实库，并返回 FALSE
   static STATUS success=FALSE;                   //默认将反复持续搜索的状态设为失败
   facts=stepforward(rules, facts, flag); //单步搜索
   if(*flag==TRUE)
   {
```

```
            success=TRUE;                           //至少进行一次单步搜索
            facts= deduce(rules, facts, flag);
        }
        *flag=success;
        return facts;
    }
```

（6）显示搜索结果。

① 获取搜索结论。由于事实库是链式存储堆栈的，因此更新事实库都是在栈顶进行，最后进栈的事实就是反复搜索的最终结论。deduceResult 的作用就是在栈顶获取的一个结论（规则树的树根是一个肯定结论）。

```
    struct FACTNODE* deduceResult(FACTS facts)      //获得结论
    {  //从更新的事实库中获得最后事实指针
        while(facts->next)facts=facts->next;        //指针后移
        return facts;                               //获得最后事实指针
    }
```

② 显示搜索结果。用 displayResult 显示事实（结论）。

```
    void displayResult(struct FACTNODE* result, STATUS flag)  //显示搜索结论
    {   //若持续搜索成功，则显示最后事实，否则显示搜索不成功信息
        if(flag==TRUE) printf("DeduceResult=%s\n",result->fact);
                                                    //搜索成功，显示结果
        else printf("DeduceResult=NO Result\n");    //搜索不成功，显示不成功信息
        printf("================================\n");
    }
```

③ 正向搜索。用 ProductionSYS 从事实库文件和规则库文件开始到搜索到结论的整个过程。

```
    void ProductionSYS(char *rulefilename, char *factfilename) //集成完整问题求解系统
    {   //事实和规则分别在 factfilename、rulefilename 两个文本文件中
        RULES rules=NULL;                           //规则库为空
        FACTS facts=NULL;                           //事实库为空
        struct FACTNODE *result=NULL;               //求解结果（事实）
        STATUS flag;                                //求解（搜索）是否成功
        facts=CreateFactBase(facts, factfilename); //从文件中读取事实，创建事实库
        printf("====================\nFact Base:\n");    //显示所有事实
        priFacts(facts);
        printf("====================\nDeducing Procedure:\n");
        rules=CreateRuleBase(rules,rulefilename);  //从文件中读取规则，创建规则库
        facts=deduce(rules, facts, &flag);          //问题求解（持续搜索）
        result=deduceResult(facts);                 //获得求解（搜索）结果
        displayResult(result, flag);                //显示求解（搜索）结果
        ClearFactBase(facts);                       //回收事实库空间
        ClearRuleBase(rules);                       //回收规则库空间
    }
```

（7）应用实例。根据规则文件（见图 7.8）和事实文件（见图 7.9）实现搜索过程，获得搜索结果。

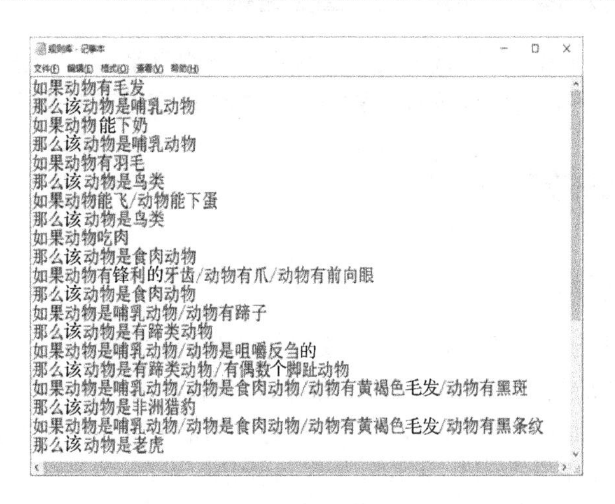

规则库 - 记事本
文件(F) 编辑(E) 格式(O) 查看(V) 帮助(H)
如果动物有毛发
那么该动物是哺乳动物
如果动物能下奶
那么该动物是哺乳动物
如果动物有羽毛
那么该动物是鸟类
如果动物能飞/动物能下蛋
那么该动物是鸟类
如果动物吃肉
那么该动物是食肉动物
如果动物有锋利的牙齿/动物有爪/动物有前向眼
那么该动物是食肉动物
如果动物是哺乳动物/动物有蹄子
那么该动物是有蹄类动物
如果动物是哺乳动物/动物是咀嚼反刍的
那么该动物是有蹄类动物/有偶数个脚趾动物
如果动物是哺乳动物/动物是食肉动物/动物有黄褐色毛发/动物有黑斑
那么该动物是非洲猎豹
如果动物是哺乳动物/动物是食肉动物/动物有黄褐色毛发/动物有黑条纹
那么该动物是老虎

图 7.8　规则文件

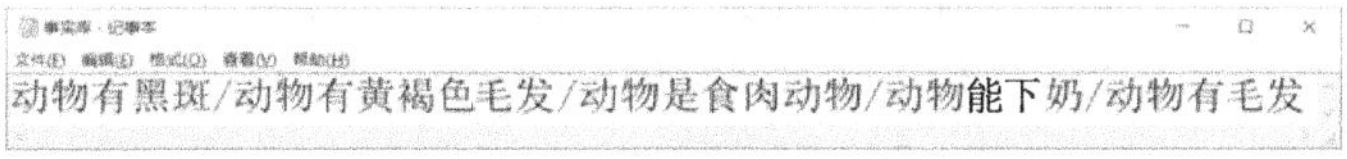

事实库 - 记事本
文件(F) 编辑(E) 格式(O) 查看(V) 帮助(H)
动物有黑斑/动物有黄褐色毛发/动物是食肉动物/动物能下奶/动物有毛发

图 7.9　事实文件

```
void main()
{
    char *rulefilename="C:\\规则库.txt";          //规则文件
    char *factfilename="C:\\事实库.txt";          //事实文件
    ProductionSYS(rulefilename, factfilename);  //问题求解
}
```

运行结果如图 7.10 所示，可以看出求解结果为“非洲猎豹”，并且依次采用了两条规则，也就是在规则树中进行了两次持续搜索。

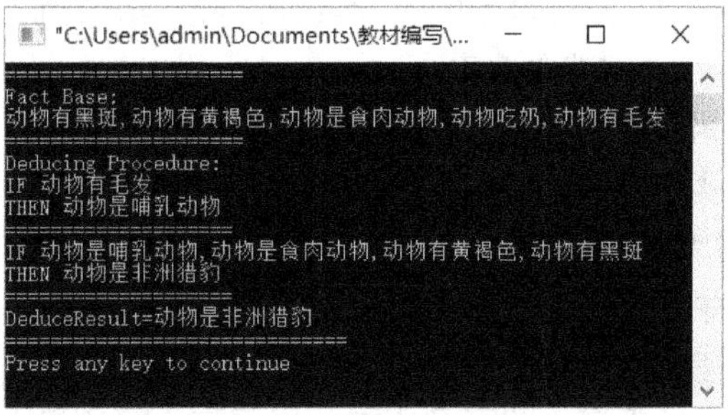

"C:\Users\admin\Documents\教材编写\...
Fact Base:
动物有黑斑,动物有黄褐色,动物是食肉动物,动物吃奶,动物有毛发
Deducing Procedure:
IF 动物有毛发
THEN 动物是哺乳动物
IF 动物是哺乳动物,动物是食肉动物,动物有黄褐色,动物有黑斑
THEN 动物是非洲猎豹
DeduceResult=动物是非洲猎豹
Press any key to continue

图 7.10　运行结果

若采用如图 7.11 所示的事实库，则运行结果如图 7.12 所示。由于没有有效的规则，因此该问题无解。

事实库 - 副本 - 记事本
文件(F) 编辑(E) 格式(O) 查看(V) 帮助(H)
动物有白斑/动物能飞/动物有趾

图 7.11　事实库

"C:\Users\ad...
Fact Base:
动物有白斑,动物能飞,动物有趾
Deducing Procedure:
DeduceResult=NO Result
Press any key to continue

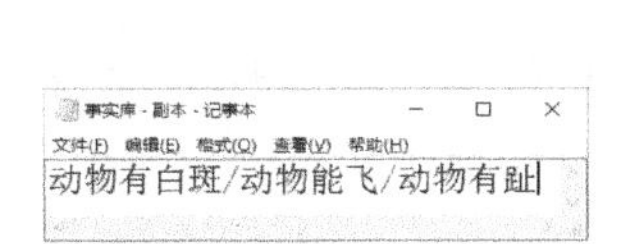

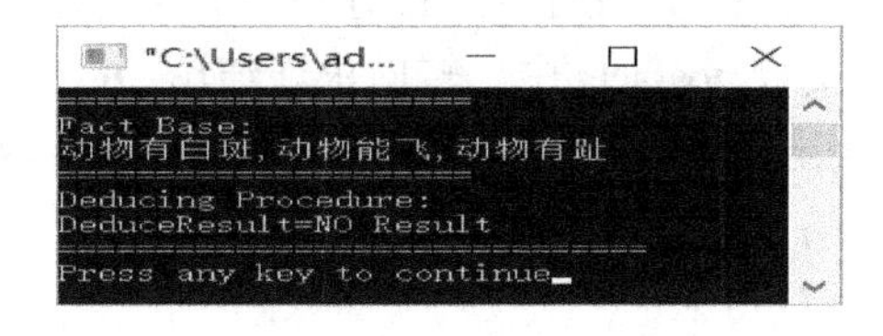

图 7.12　运行结果

通过上述例子可以看出，正向搜索过程一次性给出所有事实，中途无须交互、干预，因此不便于实现实时交互问答功能，而逆向搜索可以较方便地实现实时交互问答功能。

7.3 规则树逆向搜索

7.3.1 规则树搜索

规则树的 3 种搜索方式包括正向搜索、逆向搜索和混合搜索。

（1）正向搜索。在逻辑上，可将规则集理解为规则树。实质上，规则树正向搜索是从规则树的树叶节点开始自下而上的搜索过程，直到没有可用的分支（即不存在有效规则），搜索停止。从规则应用角度看，正向搜索从事实库出发，利用满足有效规则的前提获取该规则的结论，并使结论成为后续持续搜索的事实，也就是搜索的结果成为后续搜索的前提。总之，正向搜索从规则前提得出结论，并且结论成为后续搜索的前提（事实）。如规则库 rules（其对应的规则树如图 7.13 所示）：

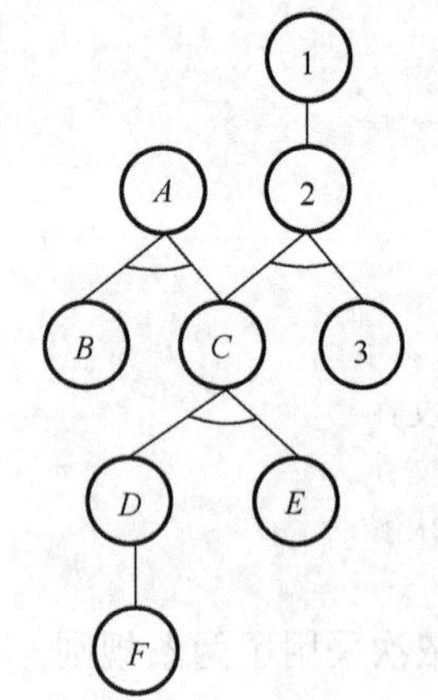

图 7.13　规则树

r1：F=>D

r2：D, E=>C

r3：B, C=>A

r4：C, 3=>2

r5：2=>1

对事实库 posfact={B, F, E}的正向搜索过程为：

① 利用规则 r1，得到 D，更新事实集合 posfacts={B, F, E, D}；

② 利用规则 r2，得到 C，更新事实集合 posfacts={B, F, E, D, C}；

③ 利用规则 r3，得到 A，更新事实集合 posfacts={B, F, E, D, C, A}；

④ 没有可用的有效规则，最终结论为 A。

（2）逆向搜索。

逆向搜索是指从规则树的根节点或子树根节点开始，自顶向下的搜索过程，直至树叶节点，并且这些树叶节点均在事实库中。从规则应用角度看，该方式利用可满足的有效规则的结论判断其所有前提是否在事实库中，进而证实结论的正确性。若规则的前提不在事实库中，则需要继续判断该规则的前提，并且持续搜索直至树叶节点都在事实库中，结论得证；若没有树叶节点在事实库中，结论不得证。总之，逆向搜索先设定一个默认规则结论，不断求证前提，直至所有前提得证，默认规则结论得证，若不是所有前提得证，默认规则结论不得证。例如，基于上述相同的规则库和事实库，逆向搜索过程如下：

① 默认结论 A，利用规则 r3 求证结论 B 和结论 C 是否在事实集合 posfacts 中，而只有结论 B 在事实集合 posfacts 中，转向求证结论 C；

② 默认结论 C，利用规则 r2 求证结论 D 和结论 E 是否在事实集合 posfacts 中，而只有结论 E 在事实集合 posfacts 中，转向求证结论 D；

③ 默认结论 D，利用规则 r1 求证结论 F 是否在事实集合 posfacts 中，而结论 F 在事实集合 posfacts 中；

④ 结论 D 得证；

⑤ 结论 C 得证；

⑥ 结论 A 得证，最终结论为 A。

（3）混合搜索。由于逆向搜索起始于随机默认求证，因此每次都默认规则树的根比较困难。如：

① 默认结论 C，利用规则 r2 求证结论 D 和结论 E 是否在事实集合 posfacts 中，而只有结论 E 在事实集合 posfacts 中，转向求证结论 D；

② 默认结论 D，利用规则 r3 求证结论 F 是否在事实集合 posfacts 中，而结论 F 在事实集合 posfacts 中；

③ 结论 D 得证；

④ 结论 C 得证，最终结论为 C。

但是根据事实集合 posfacts 和规则集合 rules，搜索最终结果应为结论 A。说明单一逆向搜索不一定能得到最终结果。若在逆向搜索基础上结合正向搜索，则可以得到结论 A。如：

① 逆向搜索可证结论 C，把结论 C 加入事实集合 posfacts 中，更新事实集合 posfacts= $\{B, F, E, C\}$；

② 利用规则 r3，得到结论 A，更新事实集合 posfacts=$\{B, F, E, C, A\}$；

③ 没有可用规则，最终结论为 A。

这种兼有逆向搜索和正向搜索的搜索方式为混合搜索。

7.3.2　逆向搜索过程

为了确保逆向搜索也能得到最终结论，需要尝试所有根节点，即尝试规则集合中的所有规则。把肯定的事实或满足规则的结论（可成立的事实）构成的事实库称为肯定事实库 posfact，把完全否定的事实构成的事实库称为否定事实库 negfact。

如 posfact=$\{B, F, E\}$, negfact=$\{3\}$。

① 默认结论 C，利用规则 r2 求证结论 D 和结论 E 是否在事实集合 posfacts 中，而迄今只有结论 E 在事实集合 posfacts 中，转向求证结论 D；

② 默认结论 D，利用规则 r3 求证结论 F 是否在事实集合 posfacts 中，而结论 F 在事实集合 posfacts 中；

③ 结论 D 得证；

④ 结论 C 得证，更新肯定事实库 posfact=$\{B, F, E, C\}$；

⑤ 默认结论 2，利用规则 r4 求证结论 C 和结论 3 是否在事实集合 posfacts 中，而只有结论 C 在事实集合 posfacts 中，结论 2 在否定事实库 negfacts 中，结论 3 为否定事实，更新否定事实库 negfact=$\{3, 2\}$；

⑥ 默认结论 1，利用规则 r5 求证结论 2 是否在事实集合 posfacts 中，而只有结论 2 在否定事实库 nengfact 中，结论 2 为否定事实，更新否定事实库 negfact=$\{3, 2, 1\}$；

⑦ 默认结论 A，利用规则 r1 求证结论 B 和结论 C 是否在肯定事实库 posfact 中，而结论 B 和结论 C 在 posfact 中，结论 A 得证，更新肯定事实库 posfact=$\{B, F, E, C, A\}$。

根据上述实例过程，可把逆向搜索过程描述为：

```
    STATUS backward (rule, rules, posfact, negfact)
                                  //返回更新的肯定事实库posfact或否定事实库negfact
        If rule.ifs⊆posfact then    //规则 rule 的所有前提均在肯定事实库 posfact 中
            flag=TRUE               //结论为真
```

```
        posfact=posfact∪rule.thens        //更新肯定事实库 posfact
    Elseif ∃a_if∈rule.ifs, a_if∈negfact then
                                        //规则 rule 有一个前提在否定事实库 negfact 中
        flag=FALSE                      //结论为假，肯定事实库 posfact 不变
        negfact=negfacts∪rule.thens       //更新否定事实库 negfact
    Elseif ∀conc∈rule.thens, ∃newrule∈rules, conc∈newrule.thens then
                                        //规则 rule 的所有前提均不在肯定事实库 posfact 中
    flag= backward (newrule, rules, posfact, negfact)  //递归，继续逆向搜索
    Return flag
```

这个逆向搜索过程采用递归算法，即单步逆向搜索（见图 7.14）。

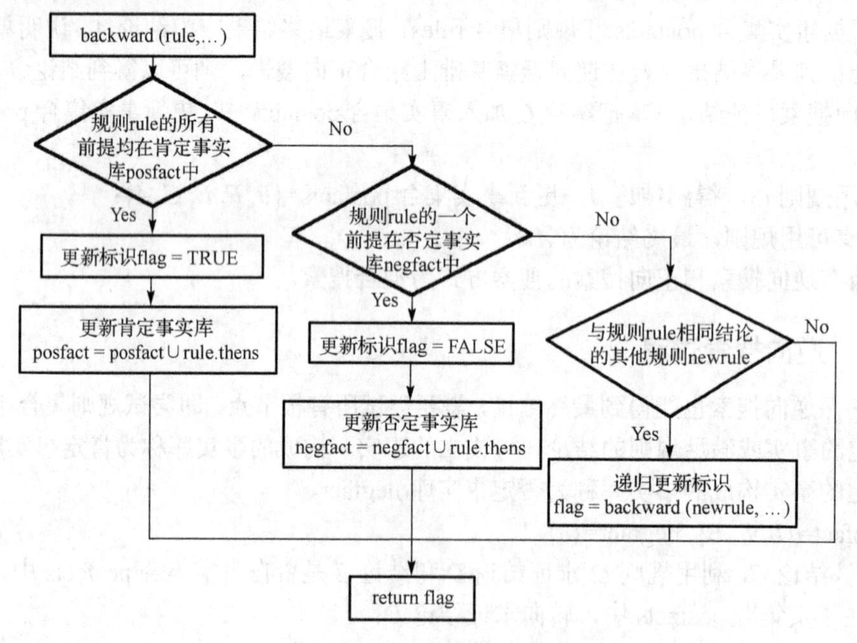

图 7.14　单步逆向搜索

7.3.3　基于规则树的逆向搜索问题求解

逆向搜索的规则库和事实库的表示、创建和存储与正向搜索的相同，其实现详见 7.2 节，在此不再赘述，本节只说明逆向搜索过程的实现。

（1）搜索基本算子。

① 判断结论的存在性。用 deduceBackTestIf 判断一个前提_if（事实）是在肯定事实库 posfact 中还是在否定事实库 negfact 中，并得到两个相应的逻辑值——posflag 和 negflag。

```
void deduceBackTestIf(RULES rules, FACT _if, FACTS *posfact, STATUS *posflag,
                      FACTS *negfact, STATUS *negflag)    //判断一个前提
{
    STATUS flag=TRUE, inpos, inneg, yesno;  //默认是规则树的树叶节点
    RULES rs=rules;                         //规则库
    *posflag=FALSE;                         //默认不在肯定事实库中
    *negflag=FALSE;                         //默认不在否定事实库中
    while(rs!=NULL)                         //遍历规则库的所有非树叶节点（规则结论）
```

```
        if(member(_if, rs->rule.thens)) //是否为规则树中的树叶节点
        {
            flag=FALSE;                    //不是规则树的树叶节点（事实）
            break;
        }
        else
            rs=rs->next;          //下一条规则
    if(flag==TRUE)                //规则树的树叶节点
    {
        if(!(inpos=member(_if, *posfact))&&!(inneg=member(_if, *negfact)))
        {                         //树叶节点不在肯定事实库和否定事实库中
            printf("%s is TRUE or FALSE?(T/F)", _if);   //显示前提
            yesno=getchar();      //只能输入t、T、f或T
            getchar();            //接收回车键
            switch(yesno)         //确认事实库是否存在（肯定事实库或否定事实库）
            {
                case 'T':
                case 't':yesno=TRUE; break;
                default: yesno=FALSE;
            }
            if(!inpos&&yesno==TRUE)                     //确定不在肯定事实库中
            {
                *posfact=AddAFact(*posfact,_if);     //加入肯定事实库中
                *posflag=TRUE;                       //更新肯定事实库
            }
            else if(!inneg&&yesno==FALSE)               //不在否定事实库中
            {
                *negfact=AddAFact(*negfact,_if);     //加入否定事实库中
                *negflag=TRUE;                       //更新否定事实库
            }
        }
        else
            if(inpos==TRUE) *posflag=TRUE;
            else if(inneg==TRUE) *negflag=TRUE;
    }
    else              //不是规则树的树叶节点，其他规则的结论，进一步判断结论
        deduceBackTestThen(rules, _if, posfact, posflag, negfact, negflag);
}
```

② 判断所有前提的存在性。用 deduceBackTestIfs 判断规则的所有前提 ifs 是都在肯定事实库 posfact 中还是都在否定事实库 negfact 中，并得到对应的两个逻辑值——posflag 和 negflag。

```
STATUS deduceBackTestIfs(RULES rules, FACTS ifs, FACTS *posfact,
                                        //判断多个前提
STATUS *posflag, FACTS *negfact, STATUS *negflag)
{                                       //判断所有条件是否均满足规则的前提条件
    STATUS flag=TRUE;                   //所有条件均属于规则的前提条件
    while(ifs!=NULL)                    //遍历所有前提
```

```
        {
            *posflag=FALSE;                 //默认不在肯定事实库中
            *negflag=FALSE;                 //默认不在否定事实库中
            deduceBackTestIf(rules, ifs->fact, posfact, posflag, negfact, negflag);
                                            //判断前提
            if(*negflag==TRUE)              //有一个前提在否定事实库中
            {
                flag=FALSE;                 //有一个前提不符合规则前提
                break;
            }
            ifs=ifs->next;                  //下一个前提
        }
        return flag;
    }
```

③ 判断结论的存在性。用 deduceBackTestThen 判断规则的一个结论 then 是在肯定事实库 posfact 中还是在否定事实库 negfact 中，并得到对应的两个逻辑值——posflag 和 negflag。

```
    STATUS deduceBackTestThen(RULES rules, FACT then, FACTS *posfact,
                        STATUS *posflag, FACTS *negfact, STATUS *negflag)
                                            //判断结论
    {       //规则的前提决定更新肯定事实库或否定事实库
        STATUS flag;
        FACTS thens=NULL;
        RULES rs=rules;
        while(rs!=NULL)                     //遍历规则库
        {
            if(strcmp(then, rs->rule.thens->fact)==0) break;  //非叶子节点
            rs=rs->next;                    //下一条规则
        }
        if(rs==NULL) return FALSE;          //不在规则树的分支节点上，不是规则结论
        flag=deduceBackTestIfs(rules, rs->rule.ifs, posfact, posflag,
                        negfact, negflag);  //判断规则前提（逆向搜索）有效性
        thens=AddAFact(thens, then);        //保留分支节点
        if(flag==TRUE)                      //所有前提满足规则前提（前提有效）
            *posfact=testThens(thens,*posfact, posflag);     //更新肯定事实库
        else
            *negfact=testThens(thens,*negfact, negflag);     //更新否定事实库
        return flag;                        //更新肯定事实库或否定事实库
    }
```

④ 判断规则的有效性。用 deduceBackTestRule 根据一条规则的有效性来判断是否更新肯定事实库 posfact 或否定事实库 negfact，对应的两个逻辑值为 posflag 和 negflag。

```
    STATUS deduceBackTestRule(RULES rules, RULE rule,
                        FACTS *posfact, STATUS *posflag,
                        FACTS *negfact, STATUS *negflag)
    {       //规则的前提决定是否更新肯定事实库或否定事实库
        STATUS flag;
        flag=deduceBackTestThen(rules, rule.thens, posfact, posflag, negfact, negflag);
```

```
    return flag;        //更新肯定事实库或否定事实库
}
```

（2）持续逆向搜索。

通过遍历所有规则，依次判断规则的有效性，然后进行持续的逆向搜索，直到不存在有效规则为止。

```
STATUS deduceBackward(RULES rules, FACTS *posfact, STATUS *posflag,
                      FACTS *negfact, STATUS *negflag) //反复执行逆向搜索
{
    STATUS success=FALSE, flag;      //逆向搜索成功的标志为 FALSE，默认搜索失败
    RULES rs=rules;                  //规则库
    while(rs)                        //遍历所有规则
    {                                //判断所有规则
        flag=deduceBackTestRule(rules, rs->rule, posfact, posflag, negfact, negflag);
        if(flag==TRUE) success=TRUE; //若搜索有效，则更新搜索成功标志
        rs=rs->next;                 //下一条规则
    }
    return success;                  //搜索是否成功
}
```

（3）逆向搜索问题求解。

从规则库文件读取规则建立规则库，调用持续逆向搜索，实现逆向搜索问题求解。

```
void ProductionSYSBackward(char *rulefilename   //集成逆向搜索
{
    RULES rules=NULL;
    FACTS result=NULL;
    FACTS posfact=NULL, negfact=NULL;            //没有肯定事实库和否定事实库
    STATUS flag, posflag=FALSE, negflag=FALSE;
    printf("====================\nFact Base:\n");
    rules=CreateRuleBase(rules,rulefilename);   //创建规则库
    flag=deduceBackward(rules, &posfact, &posflag, &negfact, &negflag);
                                                 //持续搜索
    if(flag)
    {
        result=deduceResult(rules, posfact);     //获得求解结果
        displayResult(result,flag);              //显示求解结果
    }
    else
        printf("No Result !\n");
    ClearFactBase(posfact);                 //回收肯定事实库的内存空间
    ClearFactBase(negfact);                 //回收否定事实库的内存空间
    ClearRuleBase(rules);                   //回收规则库的内存空间
}
```

（4）应用实例。

已知规则库文件，如图 7.8 所示，利用逆向搜索实现搜索过程，进而获得搜索结果。

```
void main()    //规则推理
```

```
{
    char *rulefilename="C:\\规则库.txt";
    ProductionSYSBackward(rulefilename);
}
```

运行结果如图 7.15 所示。可以看出，该例没有预先给定肯定事实库和否定事实库，在逆向搜索过程中采用交互方式，不断询问事实的真假性（即肯定或否定），然后给定真假性回答（T 或 F，t 或 f），以收集肯定事实库或否定事实库，最后获得搜索结果。这些问题都是规则树的树叶节点。

```
"C:\Users\admin...
====================
Fact Base:
动物有毛发 is TRUE or FALSE?(T/F)t
动物有羽毛 is TRUE or FALSE?(T/F)f
动物吃肉 is TRUE or FALSE?(T/F)t
动物有蹄子 is TRUE or FALSE?(T/F)f
动物有黄褐色 is TRUE or FALSE?(T/F)t
动物有黑斑 is TRUE or FALSE?(T/F)t
动物有黑条纹 is TRUE or FALSE?(T/F)f
动物有长颈 is TRUE or FALSE?(T/F)f
动物黑条纹 is TRUE or FALSE?(T/F)f
动物不能飞 is TRUE or FALSE?(T/F)f
动物擅长飞翔 is TRUE or FALSE?(T/F)f
DeduceResult=动物是非洲猎豹
========================
Press any key to continue
```

图 7.15　运行结果

7.4　本章小结

事实是肯定描述的客观现象、实物等，采用文字陈述句表示。事实之间的依赖关系或隐含关系构成产生式规则，也称决策规则或分类规则，表达为：

如果　前提 0，…，前提 m–1

那么　结论 0，…，结论 n–1

其中，前提与结论都是事实。规则可以简化为多个前提为“逻辑与”的事实，而结论为一个事实，也就是同时满足前提可得到一个结论，或可以得到多个具有“逻辑或”的结论。事实、规则统称为知识。事实集合和规则集合分别称为事实库和规则库，两者统称为知识库。

以规则前提和结论为节点，结论为树根（也可能是子树根）节点，规则集合构成了具有多个树根的规则树（规则树森林），而且对于某个双亲节点，其孩子节点往往是“逻辑与”。在监控机构的控制下，可以利用规则库与事实库不断交互实现问题求解。实际上，这个过程是在规则树森林中发现面向具体问题的有效规则树的过程。事实采用字符串存储结构，事实库采用线性链式存储结构。规则采用链式存储结构，规则库采用线性链式存储结构。

规则树搜索包括正向搜索、逆向搜索和混合搜索。对于规则树，给定事实集合，正向搜索是从规则树的树叶节点开始的，自底向上直至树根或子树根（规则树内部节点）的搜索过程；逆向搜索是从规则树的根节点或子树根（规则树内部节点）开始的，自顶向下直至树叶节点或子树根（规则树内部节点）的搜索过程；混合搜索是既具有正向搜索又具有逆向搜索的搜索过程。

规则树正向搜索具有逻辑运算要求，不仅可获得搜索路径（即如何进行问题求解，也就是所采用的一系列规则），还可获得求解结果（即最终目标）。针对规则树的搜索不同于之前章节

介绍的搜索，其主要包括：搜索基本算子、单步搜索和持续搜索。搜索基本算子包括规则匹配判断、规则冲突判断和事实库更新。若规则的所有前提均在事实库中，则规则匹配；否则不匹配。若规则的所有结论均在事实库中，则规则是冲突的。显然，若规则不匹配，则该规则不可用；若规则冲突，则该规则也不可用（结论已存在）。只有规则是匹配且不冲突的，该规则才是可用的，才能进一步用规则的结论更新事实库，即将规则的结论追加到事实库中，成为后续搜索的前提。单步搜索是指从规则库中找到一条可用的规则，并利用该规则进行事实库更新。在单步搜索基础上，反复执行单步搜索，直到没有可用的有效规则为止。单步搜索与持续搜索的配合确保了规则在规则库中与顺序无关。此外，这样的搜索过程使得知识库与搜索过程分离，确保了知识库的变化不影响求解过程，规则的多少只影响求解结果。

规则树逆向搜索是递归过程，主要包括以下几个方面：

（1）默认求解结果是某条规则的结论，需要求证该规则的所有前提；

（2）若该规则的所有前提均在肯定事实库中，则结论得证（结论为真）；

（3）只要规则有一个前提在否定事实库中，那么结论不得证（结论为假）；

（4）把规则的前提作为默认求解结果（待求证结论），递归搜索直至树叶节点（在肯定事实库或否定事实库中的事实）。

规则树正向搜索与逆向搜索都会反复遍历规则库，即反复尝试规则，直至没有可用的有效规则。实质上，事实库是限定规则树的搜索范围的，正向搜索的搜索范围越来越小，而逆向的搜索范围越来越大。正向搜索的事实库就是肯定事实库，引导正确的搜索方向。逆向搜索的肯定事实库支持正确方向搜索，而否定事实库规避了无效搜索范围。

由于规则树搜索采用不断遍历规则库的方法，因此搜索过程与规则库中的规则顺序无关，规则变化与规则数量影响问题求解的精度，但不影响搜索过程，这正是搜索过程与知识库分离的优点。

习题 7

1. 叙述规则树搜索的特点。
2. 规则树正向搜索反复遍历规则库，改进搜索策略以提高搜索效率。
3. 要求输入事实集合，实现规则树正向搜索，该搜索具有交互功能。
4. 利用事实字典，改写事实与规则的存储。
5. 简述规则树正向搜索、逆向搜索与混合搜索。
6. 通过两类事实集合的文件建立相应的事实库，实现规则树逆向搜索。
7. 设计实现具有正向搜索和逆向搜索的规则树混合搜索。
8. 以动物识别为例，构建一个动物识别专家系统，完善人机交互界面，即知识获取、知识库维护、显示搜索过程和搜索结论等功能。

附　录

附录A

关键字

关键字	语义	关键字	语义	关键字	语义
auto	定义自动变量	extern	定义或声明变量、函数有效范围	sizeof	计算变量数据单元大小
break	结束循环或跳出switch语句	float	浮点型关键字	static	定义静态变量、声明变量、函数有效范围
case	switch语句标号	for	for循环语句	struct	定义结构体类型
char	字符型关键字	goto	无条件跳转语句	switch	与break结合实现多分支语句
const	定义常变量	if	条件语句	typedef	数据类型重命名
continue	结束当前次循环	int	有符号整型关键字	unsigned	修饰无符号类型关键字
default	switch语句默认标号	long	修饰整型或双精度关键字	union	定义共用体类型
do	构成do while循环语句	register	定义寄存器	void	定义无返回值函数，或定义无类型指针
double	双精度类型关键字	return	函数返回语句（可以带参数，也可不带参数）	volatile	说明变量在程序执行中可被隐含地改变
else	if语句的分支	short	有符号短整型关键字	while	while循环语句或与do构成do...while循环语句
enum	定义枚举类型	signed	修饰有符号整型关键字	//, /* */	//单行注解，/*多行注解*/

附录 B

运算符

优先级	运算符	语义	运算数个数	使用形式	结合方向
1	() [] -> .	圆括号运算符 下标运算符 指向成员运算符 结构体、共用体成员运算符	1 1 1 1	(表达式) 指针[正整型表达式]… 结构体指针->成员 结构体变量.成员	自左至右
2	! ~ ++ — - (类型) * & sizeof	逻辑非运算符 按位取反运算符 自增运算符 自减运算符 负号运算符 类型转换运算符 指针运算符 取地址运算符 求存储长度运算符	1 1 1 1 1 1 1 1 1	!表达式 ~表达式 ++变量，或变量++ --变量，或变量— -表达式 (类型）表达式 *指针 &变量 sizeof(表达式)	自右至左
3	* / %	乘法运算符 除法运算符 求余运算符	2 2 2	表达式 1*表达式 2 表达式 1/表达式 2 表达式 1%表达式 2	自左至右
4	+ -	加法运算符 减法运算符	2 2	表达式 1+表达式 2 表达式 1-表达式 2	自左至右
5	<< >>	左移运算符 右移运算符	2 2	表达式 1<<表达式 2 表达式 1>>表达式 2	自左至右
6	< <= > >=	小于运算符 小于等于运算符 大于运算符 大于等于运算符	2 2 2 2	表达式 1<表达式 2 表达式 1<=表达式 2 表达式 1>表达式 2 表达式 1>=表达式 2	自左至右
7	== !=	等于运算符 不等于运算符	2 2	表达式 1==表达式 2 表达式 1!=表达式 2	自左至右
8	&	按位与运算符	2	表达式 1&表达式 2	自左至右
9	^	按位异或运算符	2	表达式 1^表达式 2	自左至右
10	|	按位或运算符	2	表达式 1|表达式 2	自左至右
11	&&	逻辑与运算符	2	表达式 1&&表达式 2	自左至右
12	||	逻辑或运算符	2	表达式 1||表达式 2	自左至右
13	? :	条件运算符	3	表达式 1?表达式 2:表达式 3	自右至左
14	= += -= *= /= %= >>= <<= &= ^= |=	赋值运算符 算术复合赋值运算符 移位复合赋值运算符 按位逻辑复合赋值运算符	2 2 2 2	变量 op=表达式 (op=为赋值运算符或复合赋值运算符)	自右至左
15	,	逗号运算符	2	表达式 1,表达式 2	自左至右

附录 C

编译预处理命令

编译指令	语义
#include	文件包含
#define	宏定义（宏替换）
#undef	取消宏定义
#asm 和#endasm	加入汇编语言的程序
#ifdef、#ifndef、#else、#endif	与宏定义配合，用于条件编译

附录 D

头文件与库函数

C 语言功能强大主要体现在库文件上。C 语言的库文件由两部分构成：① 扩展名为.h 的头文件，其中包含常量定义、类型定义、宏定义、函数原型及各种编译选择设置等信息；② 函数库（也称系统函数），包括函数的目标代码，供程序调用。通常在程序中调用库函数之前，应该包含该函数原型所在的头文件。根据不同功能划分头文件，每个头文件均包含多个函数原型。Turbo C 部分头文件如下：

alloc.h 内存管理函数（分配、释放等）。

bios.h 调用 IBM-PC ROM BIOS 子程序的函数。

conio.h 调用 DOS 控制台 I/O 子程序的函数。

ctype.h 字符分类及转换的函数。

dir.h 目录和路径的结构、宏定义和管理维护目录函数。

dos.h msdos 和 8086 调用的常量和函数。

graphics.h 图形绘制函数，调色板配置，颜色常量等。

io.h 低级 I/O 子程序的结构和说明，中断调用函数。

math.h 数学运算函数。

stdio.h 标准和扩展的类型和宏，输入/输出 I/O 流函数。

stdlib.h 常用转换、搜索/排序等函数。

string.h 字符串操作和内存操作函数。

time.h 时间转换函数。

头文件中函数原型的基本形式为：

«数据类型符»«函数名» (⌊«数据类型符列表»⊥«参数列表»⌋)

其中，“数据类型符”为基本类型或构造数据类型的标识符，表示调用该函数可获得的值所属数据类型（void 类型除外）；“函数名”为函数标识符；“数据类型符列表”为若干由逗号分隔的数据类型符，表示在使用该函数时在对应的位置上所需参数及其数据类型；“参数列表”为若干由逗号分隔的参数，参数形式为«数据类型符»«变量名»，作为函数形参形式，有关数组名的参数均用指针变量表达，表示使用该函数时在对应的位置上所需参数及其数据类型。此外，函数原型还对函数参数和功能进行描述，如 double sin(double)或 double sin(double x)，表示在使用 sin 函数时，需要一个 double 类型的参数，可得到一个 double 类型的数值，该函数参数为弧度，其功能为求解正弦值。部分常用库函数如下：

1．字符串函数

预处理命令：#include "string.h"

函数原型	功　能	返回值
char *strcat (char *str1, char *str2)	把字符串 str2 接到 str1 后面，字符串 str1 最后面的'\0'被取消	返回字符串 str1
char * strchr (char *str，int ch)	找出字符串 str 指向的字符串中第一次出现的字符 ch 的位置	返回指向该位置的指针，若找不到，则返回空指针
char * strcmp (char *str1, char *str2)	比较两个字符串 str1 与 str2	str1＜str2，返回负数 str1=str2，返回 0 str1＞str2，返回正数
char * strcpy (char *str1, char *str2)	把字符串 str2 指向的字符串复制到字符串 str1 中去	返回字符串 str1
int strlen (char *str1, char *str2)	统计字符串 str 中字符的个数（不包括终止符'\0'）	返回字符串的长度
char * strstr (char *str1, char *str2)	找出字符串 str2 在字符串 str1 第一次出现的位置（不包括字符串 str2 的结束符）	返回该位置的指针，若找不到，则返回空指针

2．输入/输出函数

预处理命令：#include "stdio.h"

函数原型	功　能	返回值
void clearerr(FILE *fp)	清除指针错误	无
int close(int fh)	关闭文件，释放文件柄 fh	关闭成功，返回 0；不成功，返回–1
int creat(char * filename，int mode)	以 mode 所指定的方式建立文件	若打开成功，则返回正数；否则，返回–1
int eof(int fh)	检查文件是否结束	遇到文件结束，返回 1；否则，返回 0
int fclose(FILE * fp)	关闭 fp，释放缓冲区	若有错，返回非 0；否则，返回 0
int feof(FILE * fp)	检查 fp 是否结束	遇到结束符，返回非 0；否则，返回 0
int fget(FILE * fp)	从 fp 所指定的流中取得一个字符	返回所得到字符的 ASCII 码。若读入出错，则返回 EOF
char *fgets(char *buf, int n, FILE * fp)	从 fp 的流中读取一个长度为 n-1 的字符串，存入起始地址为 buf 的空间中	返回地址 buf，若遇结束或出错，则返回 NULL
FILE *open(char *filename, char *mode)	以 mode 指定的方式打开名为 filename 的文件	成功，返回一个流指针，否则返回 NULL
int fprint(FILE *fp; char *format,args,…)	把 args 的值以 format 指定的格式输出到 fp 文件中	返回输出的字符串
int fputc(char ch,FILE *fp)	将字符 ch 输出到 fp 文件中	若成功，则返回该字符的 ASCII 码，否则返回 EOF
int fputs(char *str,FILE *fp)	将 str 指向的字符串输出到 fp 文件中	返回 0，若出错则返回非 0
int fread(char *pt, unsigned size, unsigned n, FILE *fp)	从 fp 流中读取长度为 size 的 n 个数据项，存到 pt 所指的内存区	返回所读的数据项的个数，若遇文件结束或出错则返回 0
int fscanf(FILE *fp,char format, args,…)	从 fp 流中按 format 给定的格式将输入数据送到 args 所指定的内存单元中（args 是指针）	返回输入的数据个数
int fseek(FILE *fp, long offset, int base)	将 fp 流的访问位置移到以 base 所指出的位置为基准，以 offset 为位移量的位置	返回当前位置，否则返回–1
long ftell(FILE *fp)	返回 fp 文件中的读/写位置	返回 fp 所指定的流中的访问位置
int fwrite(char *ptr, unsigned size, unsigned n, FILE *fp)	把 ptr 所指向的 n*size 个字节输出到 fp 文件中	写到 fp 所指定的流中的访问位置

续表

函数原型	功能	返回值
int fgetc(FILE * fp)	从 fp 文件中读入一个字符	返回所读的字符，若文件结束或出错，则返回 EOF
int getchar()	从标准输入设备读取下一个字符	返回所读字符，若文件结束或出错，则返回–1
char *gets(char *str)	从标准输入设备读取一个字符串，并把它们输入字符串 str 所指向的字符数组中	成功，返回 str 的值；否则，返回 NULL
int fgetw(FILE *fp)	从 fp 文件中读取下一个字（整数）	返回输入的整数，若流结束或出错，则返回–1
int open(char *filename, int mode)	以 mode 指定的方式打开已存在的名为 filename 的文件	返回文件柄（正数），若打开失败，则返回–1
int printf(char * format, args,…)	将表列 args 的值输出到标准设备中	输出字符的个数，若出错，则返回负数
int fputc(int ch, FILE *fp)	把一个字符 ch 输出到 fp 文件中	输出字符的 ASCII 码，若出错，返回 EOF
int putchar(char ch)	把字符 ch 输出到标准输出设备中	输出的字符 ch，若出错，则返回 EOF
int puts(char ch)	把字符串 str 指向的字符串输出到标准输出设备中，将'\0'转换为回车换行	返回换行符，若失败，则返回 EOF
int putw(int w,int fh)	将一个整数 w（一个字）写到 fh 文件中	返回输出的整数，若出错，则返回 EOF
int read(int fh,unsigned count)	从文件柄 fh 所指示的文件中读 count 个字节到由 buf 指示的缓冲区中	返回真正读入的字节个数，若遇文件结束返回 0，则出错返回–1
int rename(char *oldname, char *newname)	把由 oldname 所指向的文件名改为由 newname 所指向的文件名	成功返回 0，出错返回–1
void rewind(FILE *fp)	将 fp 指示的流中的位置指针置于文件开头位置，并清除文件结束标志和错误标志	无
int scanf(char * format , args,…)	从标准输入设备按 format 指向的格式字符串规定的格式，输入数据到 args 所指向的单元	返回读入并赋给 args 的数据个数，遇文件结束返回 EOF，出错返回 0
int write(int fh,char *buf,unsigned count)	从 buf 指示的缓冲区输出 count 个字符到 fh 所标志的文件中	返回实际输出的字节数，若出错则返回–1

3. 动态存储分配函数

在头文件 stdlib.h 中包含有关的信息，但许多 C 语言程序在编译时要求用 alloc.h 而不是 stdlib.h。读者在使用时应查阅有关手册。

ANSI 标准要求动态分配系统返回 void 指针。void 指针具有一般性，其不规定指向任何具体的类型的变量。但目前绝大多数 C 编译所提供的这类函数都返回 char 指针。无论以上哪种情况都需要用强制类型转换的方法把指针转换成所需的类型。

预处理命令：#include "stdlib.h"

函数原型	功能	返回值
void *calloc(unsigned n，unsigned size）	分配 n 个数据单元的内存连续区，每个数据单元的大小为 size	返回分配内存单元的起始地址，若不成功，返回 0
void free(void *p)	释放 p 所指的内存区	无
void *malloc(unsigned size)	分配 size 字节的内存连续区	返回所分配的内存区地址，若内存不够，则返回 0
void *realloc(void *p，unsigned size)	将 p 所指向的已分配内存连续区的大小改为 size。size 可以比原来分配的空间大或小	返回指针该内存区的指针

附录 E

实验报告

实验名称		负责人			
实验成员		开始时间		结束时间	
实验目的	（1）目的 1： （2）目的 2： （3）目的 3： …				
实验内容	（1）内容 1： （2）内容 2： （3）目的 3： …				
实验环境和条件	硬件环境、软件环境、编程语言与数据来源等。				
实验技术流程路线	实验步骤过程与核心流程框架				
数据字典	变量名称、数据类型与约束条件等				
模块原型	功能模块接口声明及其功能描述等				
源代码	功能模块源代码及其功能说明、代码注释、算法描述（N-S 图或流程图等）等				

参 考 文 献

[1] 李国和，赵建辉，张岩，朱瑛. C 语言及其程序设计[M]. 北京：电子工业出版社. 2018. 9.

[2] 赵建辉，李国和，张秀美. C 语言学习辅导与实践[M]. 北京：电子工业出版社. 2018. 9.

[3] 连远锋，李国和，张秀美等. 基于 MFC 的数据可视化数据结构[M]. 北京：清华大学出版社. 2014. 9.

[4] 严蔚敏，吴伟民. 数据结构（C 语言版）[M]. 北京：清华大学出版社. 2016. 7.

[5] 蔡自兴，徐光祐. 人工智能及其应用（第 4 版）[M]. 北京：清华大学出版社. 2016. 7.

[6] 马少平，朱小燕. 人工智能[M].北京：清华大学出版社. 2010.4.

[7] 金志权，陈佩佩. 人工智能程序设计[M]. 南京：南京大学出版社. 1986. 7.

反侵权盗版声明